高等院校艺术设计专业精品系列教材
“互联网 +”新形态立体化教学资源特色教材

版式设计

（第二版）

Format Design
(Second Edition)

张爱民　编著

中国轻工业出版社

图书在版编目（CIP）数据

版式设计 / 张爱民编著. — 2版. — 北京：中国轻工业出版社，2025.7

全国高等院校艺术设计专业“十三五”规划教材

ISBN 978-7-5184-2066-7

Ⅰ.①版… Ⅱ.①张… Ⅲ.①版式—设计—高等学校—教材 Ⅳ.①TS881

中国版本图书馆CIP数据核字（2018）第180795号

责任编辑：毛旭林　　　　责任终审：劳国强　　整体设计：锋尚设计
策划编辑：李　颖　毛旭林　　责任校对：晋　洁　　责任监印：张　可

出版发行：中国轻工业出版社（北京鲁谷东街5号，邮编：100040）
印　　刷：艺堂印刷（天津）有限公司
经　　销：各地新华书店
版　　次：2025年7月第2版第10次印刷
开　　本：870×1140　1/16　印张：9.5
字　　数：330千字
书　　号：ISBN 978-7-5184-2066-7　定价：58.00元
邮购电话：010-85119873
发行电话：010-85119832　010-85119912
网　　址：http://www.chlip.com.cn
Email：club@chlip.com.cn

251158J1C210ZBW

序

当前，中国的高等教育已进入大众化阶段，历经跨越式发展，教材需求与日俱增，教材市场欣欣向荣。在高等教育的专业设置中，艺术设计专业起步较晚，是个年轻的小字辈。近年来，随着文化创意产业的繁荣，艺术设计专业教材得以长足发展。艺术设计专业强调“艺术”与“创新”，编写有创见、有品质的专业教材却非易事。十几年前我们和中国轻工业出版社合作，成功出版了一套高等教育艺术设计专业教材。十几年之后的今天，教材市场风生水起。在竞争激烈、相对浮躁的大环境下，我们沉下心来重整旗鼓，准备打造一套高等教育艺术设计专业的精品教材，为培养高素质的创新人才添砖加瓦。

本套教材立足于21世纪的时代高度，努力适应社会发展和科技进步的需求，在创新教育理念指导下开展策划。教材总体以专业课程为依托，以教学的科目和进程为导向。为使选题规划落在实处，我们深入各地高校，了解专业设置、课程改革和教材建设情况。我们关注各校的办学理念和风格，在充分调研的基础上集思广益，形成教材编写思路。在反映学科和教改最新成果的同时，我们顾及大多数高校的教学现状，使书目体系更加合理、规范，使教材的内容和编写方法得到更多受众的认同。

改革创新是教育发展的强大动力，也是教材编写的基本出发点。本套教材适应创新型人才培养模式，改变单纯灌输的教学方法，注重学思结合，强调理论与实践并举。知识阐述和课题训练是本套教材的基本内容。知识阐述以教学规律为逻辑主线，围绕核心知识组建课程构架，通过系统、明确、精练的推导，深入浅出地诠释知识及其专业内涵。课题训练以学习实践过程性知识为特征，课题设计围绕核心知识展开，将理论知识的原理、规则和方法转化成可操作的课题，以项目教学、案例教学等手段强化实践环节，通过探究式、讨论式和参与式的课题启发学生的创新思维，培养其专业实践能力。

本套教材努力遵循教育规律，体例上尽可能与教学进程相呼应，“单元教学提示”“总结归纳”和“设计点评”等内容的设置，使教材更好用，更具实效。图稿是艺术设计类教材的重头戏，本套教材选用的图片新颖、精美、专业针对性强，不失为“好看”的教材。信息量大、资料性强是本套教材的另一特点，除丰富的文字内涵、可观的图片数量，还用二维码的形式扩大信息贮存量。从艺术设计教育的专业特性出发，我们为本套教材设计了相对宽泛的读者群，不仅针对普通高等教育艺术设计专业，还兼顾了高职高专的相关专业。同时，对于自学、培训等群体，本套教材也是不错的选择。

教材是学校教育教学、推进立德树人的关键要素，是国家意志和社会主义核心价值观的集中体现。本教材在遵循学科特点和教育教学规律的基础上，致力于充分发挥教材铸魂育人的功能。本教材的重印工作，更是本着以习近平新时代中国特色社会主义思想为指导、推进党的二十大精神进教材、促进艺术类专业学生德艺兼修的出发点，在教学内容中重点增补了相关思政训练项目。希望此教材能够成为设计类专业的实用好教材，为广大师生提供有益的参考与借鉴。

谨以此序鸣谢辛勤付出的作者及编辑！鸣谢所有为我们提供帮助的院校领导及师生。

蓝先琳

再版前言

《版式设计》自2011年8月出版以来，得到北京理工大学、湖南工业大学、山东师范大学等40多所国内重点院校专业院系的认可和厚爱，至2018年已6次印刷，被评为“河北师范大学精品教材”“中国轻工业‘十三五’规划立项教材”。这些成绩的取得是对作者莫大的鼓舞，更是对《版式设计》结构和立意的肯定，说明教材所倡导的“信息的准确传达”“顺畅阅读的营造”“阅读节奏构成享受”版式设计核心和由浅入深的学习步骤得到了广大老师和同学们的肯定。近十年的发展，社会发生了翻天覆地的变化，新媒体时代快速来临，印刷媒体受到很大冲击，数字媒体欣欣向荣，成为社会第一媒体。媒体的变化促使视觉传达专业的革新，UI成为视觉设计的主阵地，UI设计的热潮已经呈现。基于社会新的趋势与专业思考，作者在近年尝试探索了版式设计在UI设计领域的规律与方法，恰逢出版社毛旭林老师给予鼓励，遂确定在原有基础上对《版式设计》进行修订。

本次修订保留了教材前三部分，原第四部分“版式的突破”改为“版式新阵地·UI”，就UI的基本概念、分类、要点、流程、风格及本质进行了分析解读，希冀给艺术设计专业学子们初步认识UI提供帮助，以此较早建立系统的数字媒体意识。本部分编写中得到了像素范陈亮、王宇等众多UI领域好友的帮助，还有张宏远、张旭、张忠芳、张涛、张汉臣、张学儒、张晓等学子给予大力支持，在此一并表达由衷谢意！文中引用了大量来自网络的UI作品和专业见解，因不能一一面谢，在此深表歉意，如有机会，定以书拜谢。更要感谢蓝先琳、李颖两位老师，是她们的动议和鼓励才有了这本颇受欢迎的教材。最后，感谢所有对本书提供帮助的朋友们。

缜密万千，难无疏漏，恳请大家提出宝贵意见。

张爱民

目录
contents

第三单元

阅读节奏构成享受 075

第四单元

版式新阵地·UI 111

课程综述

1. 什么是版式设计

版式通常称为版面、编排，版式设计也称为版面设计、编排设计、版面构成……简言之，版式即信息元素的有机组合，即满足观众阅读与审美需求的信息呈现方式。具体来讲也就是将文字、图形（图像）等信息元素科学、艺术地组织起来，通过视觉吸引、顺畅阅读达到信息传达与审美享受的目标。

追本溯源，版式设计的本质是完成信息功能化与艺术化的过程。

信息的功能诉求在于文字、图形（图像）的识别性、准确性，而艺术诉求则包括了醒目、条理、层次、节奏、韵律等视觉规律与审美内容，设计信息元素的大小、比例、构成等诸多艺术因素。信息的功能诉求与艺术诉求是版式设计的核心，不可偏颇。以往版式书籍多以固有程式、样式介绍为主，少及剖析设计的本质原由。本书立意由浅入深、层层解析版式的基本目标、合理表现、高级诉求，通过一系列课题练习，使艺术学子不仅知其表，更能解其本，得以更主动地去创造“版式”，创造动人的信息传达！

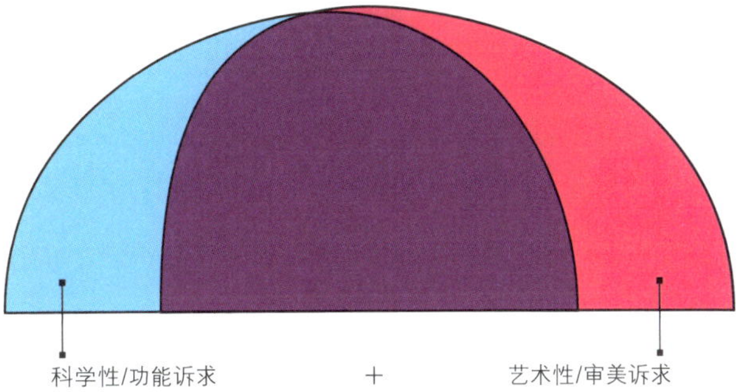

版式=功能+艺术

2. 版式设计的课程定位

版式设计属于基础应用课程。版式设计课程主要学习、探究文字及图形（图像）的组织构成原理与方法，既需要平面构成的意识与能力基础，又需要较强的文字意识，也需要图形、色彩方面的良好认知。所以，课程应置于基础造型、构成基础、字体设计、图形语言、图形创意等设计基础课程之后。同时，课程又带有很强的探究性，是学生通过一定训练和实验，体会、领悟画面构成原理和视觉节奏，提高审美能力的过程，是应用性设计课程的基础，应置于广告设计、书籍设计、网页设计、包装设计等应用性课程之前。版式设计能力的高低直接影响着所有应用设计课程的学习和实际设计能力。

版式设计课程既是设计方法的学习，也是审美能力和创造思维能力提高的途径，所以成为视觉设计专业的核心课程。

▲ 标致汽车宣传册形象性封面

3. 课程总体教学目标

版式设计包括了**简单功能诉求**、**功能与审美并重**、**侧重审美追求**三种表现和层次。生活中充斥着大量以发布为目的不管效果的宣传品，比如有些广告并不考虑组织形式，文字随便一排，或者杂乱，或者傻大。当然，这样的广告不会收到良好的效果。应用项目中多数为功能与审美并重，高品质的项目更多侧重审美追求，而只有少数追求个性表达的项目或设计艺术项目以形式探索为目标，正是因为这些探索才推动了版式的进步。本书依据版式的功能与艺术诉求，概括为“信息的准确传达”“顺畅阅读的营造”“阅读节奏构成享受”三部分，并依据时代发展需要，将原有“版式的突破”修订为“版式新阵地·UI”。四部分由浅入深，层次要求由低到高，抽象概念结合实际课题训练，强调案例分析，逐步增强学生版式技术操作能力与创造性思维能力。

▲ 音乐会推广　陈家乐

4. 设计意识很重要

意识，即我们的大脑对事物的认识及观念，是支配我们行为目标的心理源头。一个人对事物的认识存在由低到高的渐进过程，同时也需要强化、明确的自觉、主动性！要想设计出优秀的现代作品，必须强化自己的现代设计意识和观念。

版式设计具有功能和艺术双重特性，所以在学习课程之前需要强化以下设计意识：一、信息传达意识，即版式设计的基本目标是完成准确、明了的信息传达，这是版式设计的第一属性（第一单元详解）；二、主次顺序意识，主次明确、顺序井然的版式设计强化了信息的条理性，更利于阅读和信息的记忆，这是获得良好版式的有效手法（第二单元详解）；三、空间意识，所有信息内容必须依托一定媒介空间，良好的版式构成就是信息元素之间及与空间的美妙组合（第三单元详解）；四、交互意识，这是信息时代的特点与高标准要求，掌握新媒体技术与用户进行有效互动，版式才能更好地传达信息，这是时代的发展趋势（第四单元详解）。

强化这些基本设计意识，并在训练中逐步领会、提高，就会成为一名优秀设计师。

5. 课程学习的前期准备

版式设计作为基础应用课程，需要一定的课程和技术准备。课程准备是指版式设计学习之前应完成基础造型、构成基础、字体设计、图形语言等基础课程的学习，从而使课程学习中对文字、图形、构成有更全面认识，提高学习效率。技术准备主要是要求学生课程学习之前应具备一定计算机辅助设计的能力，应基本掌握平面矢量软件（Illustrator、InDesign或CorelDraw）和图像处理软件（Photoshop）。

6. 课时计划与分配

课程总体计划80课时，课时分配参考下表：

一、信息的准确传达	二、顺畅阅读的营造
三、阅读节奏构成享受	四、版式新阵地·UI

版式作品感受+课程综述　/4时	版式的功能诉求　/4时	文字意识与处理　/4时	视觉流向与比例　/4时
栅格系统/讲解与案例分析　/4时		图片的原理与处理　/4时	
课题一　/4时	课题二　/4时	课题一　/4时	课题二　/4时

▲《设计360°》杂志推广

▲ “日产（轩逸）”产品介绍

空间张力与负空间 /4时

三个苹果原理与练习 /4时

UI的本质 /4时

UI架构与设计流程 /4时

动态阅读的营造 /4时

UI设计风格与版式的突破 /4时

课题一 /4时

课题二 /4时

课题一 /4时

课题二 /4时

▲ 电影博物馆海报 Blotto

▲ 海报 Dimitris Arvanitis

▲ 海报 Isdro Ferrer

▲ 形象设计 Vladislav Rostoka

↑ 版式的应用很多时候肩负着吸引视觉、激发阅读的作用，图片在其中是重要角色。上面两幅作品都是借助图片构成强烈的视觉冲击力和空间对比，文字的巧妙配合成为亮点。

← 版式设计也并非文字与图片的简单构成。现代设计中，文字形态、性格的塑造往往成为强化视觉的重要手段。此案例中，主标题采用投影与划沙文字，形态新颖、构思巧妙、亲切自然成为海报的突出特征。

↓ 现代应用中，版式设计在保证信息准确传达的同时更加注重与观众互动交流的营造。本案例中，设计师巧妙地将图形与镂空圆形结合在一起，使观众在阅读过程中与读物产生趣味性的互动，从而大大增强阅读兴趣。

▲ 形象设计 Vladislav Rostoka

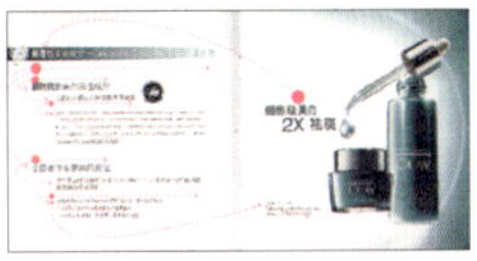

第一单元

信息的准确传达

课程目标

从版式设计的基本目标及元素入手，培养学生对版式设计本质目标的认知，并逐步掌握版式设计方法。

基本知识

本单元主要围绕信息传达的功能目标展开分析与探索，从三个基本原则入手，逐步揭示影响信息功能目标实现的各具体因素：文字整体性、文字识别度、文字间行距、分栏与直排……包括版式编排的基本方法——栅格系统。

课题训练

课题训练围绕版式设计功能目标的实现进行组织，运用“再设计”手段，锻炼学生对实际项目的分析、改造能力。

知识阐述

有人说，版式是为了“好看”。那“好看”的目的是什么？“好看”的目的仅仅是纯粹的好看吗？那就直接去看画得了！故此，版式“好看”的最终目的是吸引人去阅读，阅读的最终目的是让人记住所要传达的信息内容！

所以说，版式的根本目的是信息的准确传达！其基本特征是通过视觉进行的信息沟通。当然，因为是基于视觉的信息传达，也便有了对视觉习惯、视觉规律、审美心理的诸多视觉艺术因素的追求，“好看”也是必不可少的。为达成信息的准确传达，应掌握基本的视觉习惯和版式设计三原则：醒目性、秩序性和阅读性。

● 代表由文字为始点的阅读 ● 代表由图为始点的阅读

▲《中国当代艺术生态》内页 张爱民

应掌握的几种基本视觉习惯：

1 由左而右
2 由上而下
3 由大而小
4 由简而繁
5 由熟而生
6 由图而文

由于眼睛的横向视阈远远大于垂直方向视阈，所以横向阅读较为舒服。始于1955年元月元日《光明日报》的横排改版，改变了汉字近三千年的竖排模式。汉字横排符合人的生理特点，是科学、合理的。

由左而右、由上而下的视觉阅读习惯是版式设计的基本参考因素，其特征并非仅仅体现在文字编排上，在图像及整体编排中亦需时时注意。

由简而繁同样符合人类的阅读习惯，因此带来了近百年来“简约主义”的风靡。因为图较之文字显得更为简洁、生动，视觉总是自然而然地习惯于先图而文的阅读流向。由熟而生，是说视觉总能最快速度地识别熟悉的事物，而后去阅读生疏的内容。

掌握视觉的这些规律有助于我们对信息内容的科学性组织。当然，仅仅记住这些规律是不够的，还需要通过大量的实践、练习消化于心，才能自由、能动地运用规律。

1.1 醒目性

信息的视觉传达，首要的是信息式样或主旨对观众的视觉吸引！

不管是户外林立的广告，还是快餐式的信息载体——报纸，抑或知识、文化仓储般的图书，包括动态、多变的电视及网络媒体……为了能吸引视觉，任何一组信息都要有强烈、突显的视觉主题，它可以是信息的核心内容，也可以是设计师想要重点突出的内容，如广告中的标题、广告语，抑或活动的重要信息点。

一般来讲，标题往往就是一组信息内容的核心或主题，常被大体量或强对比处理，不仅仅发挥视觉吸引的作用，更能让观众在较短的时间阅读并记住信息要点。在实际应用中，标题又分主标题和副标题，副标题起补充说明作用，一般与主标题整体化处理。

▲“沟通”主题展

▲“MINI”汽车广告

↑ 主题突显案例：主题（标题）是版式设计中的重点，往往被置于版面的视觉中心，并给予足够大的体量，以构成强烈的视觉效果。醒目性的处理效果使观众一目了然，能用最短的时间了解信息的核心内容，使阅读变得轻松、高效。

← 广告语突显案例：广告语一般被设计成精练、简短、易记、上口或极具诱惑、感召力的语言，在产品或活动推广中常常被突显出来。本组广告语超大的设置、粗壮的字体、强烈的对比以及富有想象力的语言很能激发观众的阅读兴趣。

→ 时间突显案例：活动时间、参与人物、商品折扣、产品功能等内容尽管不是标题，却往往是让观众重点记忆的信息要点，这时便需要通过大体量、强对比等方法重点突显。

▲展览海报 Sangmin Shim

1.1.1 整体化

文字作为信息的重要载体，成为版式设计的主要元素。文字整体化设计是提高其醒目性的有效方法。

因为受社会信息量爆炸和现代生活快节奏的影响，文字阅读已经变得非常奢侈。人们不大愿意停下脚步，耐心地去阅读一段跟自己不知有无关系的文字内容，人们更愿意在匆匆的行进中，通过视觉一瞥，抑或偶尔的视觉对撞，发现与自己有关的信息内容，这也正是今天"读图时代"的共有特征。这一特征符合人类固有的视觉习惯，即更关注简单的事物，而非复杂的，所以也不要发出"人心不古"的感叹。为适应这种特征，尤其是在商业应用领域，文字的图形化处理成为流行。

文字图形化即是对相关的文字内容进行整体化、个性化设计，以使文字不仅作为信息载体，而是更能呈现图形性的一面，发挥整体的视觉吸引作用。文字整体化、图形化处理，能够形成集中火力的势态，强化整体的视觉吸引力，已经成为一种流行。

▲"2007中国国际海报双年展"海报推广

↑ "2007中国国际海报双年展"海报推广主标题采用严整的整体性组合，结合富有联想的抽象图形构成了强烈的视觉效果，即便在很远的距离，也能被其明确的整体效果所吸引。文字整体化、图形化处理不仅在书籍、海报中得以使用，在企业形象、品牌LOGO、产品包装及推广等各类设计领域都有大量应用。

↙《设计360°》杂志将刊名、刊号、办刊主旨、出版日期、价格、条码，甚至本期的重要内容构成一个整体，视觉强烈、信息清晰，让人过目不忘。

▲《设计360°》杂志封面

▲ “御景·蓝湾”地产推广 张爱民

↑ 整体化品牌案例：此项目为一地产项目，案名即诉求高品质、亲水、生态的心理暗示。为减少推广中因为形象模糊、不确定造成的资源浪费，品牌LOGO将案名精致化设计，并与案名英文、项目广告语整体组合，令品质与鲜明特征一目了然。

→ 整体化品牌案例：品牌名称、功能诉求及其他相关信息被整合为一个整体，形成单纯、强烈的视觉体块，减少了不必要的视觉干扰，品牌特征甚是鲜明。

▲ “05果汁”包装 戴帆

1.1.2 汉字的体块特征

文字整体化、图形化设计是将相关文字有机组合，其过程则必须充分分析各文字元素的体形外貌，有机利用原有形体、结构。

经过两千多年的演进，汉字形成了诸多字形字体。在这一演进过程中，人们形成了“方块字”的笼统、概念化意识。但现实却与之相差甚远，尤其作为艺术形式的书法字体，就更不是严格意义上的“方块”了。因此，在实际设计中不能简单地将汉字理解为“方块”，而应从实际字体字形出发，从视觉的实际利用各款文字的外形。

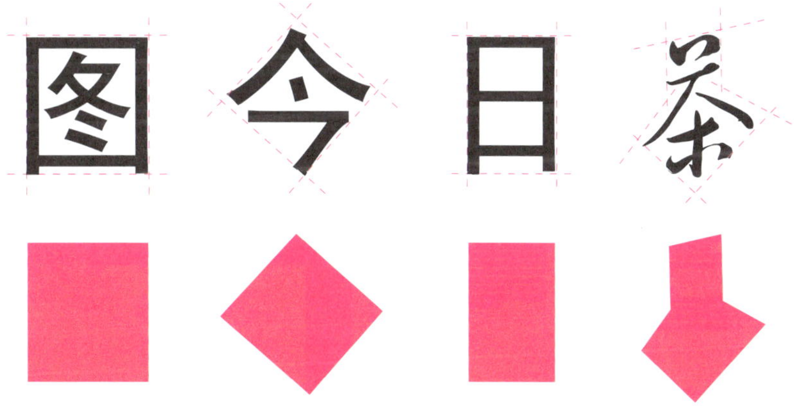

▲ 不同的文字及字体给人带来不一样的“体块”感

▲ 贺野板鞋鞋业标志 林绍斌

通过字形、字号、间距的变化，可以塑造统一、整体而富有变化的文字图形，形成较强个性化的视觉效果。

▲ 方正细黑 ▲ 方正中等线 ▲ 方正大黑 ▲ 方正超粗黑

楷、隶、行、草很难给人饱和体块的感觉，也许只有基于黑体演变而来的各色字体才具有较清晰的“方块”感，在视觉上才更具“体块”特征。当然体块感除与字体有关外，还与笔画的粗细有关，过细或笔画粗细变化过大者同样很难给人较清晰的“点”“块”感。

1.2 秩序性

平铺直叙的文字内容很难引起人的注意，而主题突出、抑扬有致的文字编排才能激发观众阅读的兴趣。尤其是在生活节奏紧张、信息爆炸的今天，信息的传达要简、直、快：信息容量要简洁、精练，切勿冗繁；核心内容呈现要直接、鲜明；视觉阅读要快速，易识易记！

要做到这些，则必须在设计之初对内容进行梳理、分级，明确核心内容、突显内容、从属内容、阅读内容、点缀内容……并确定其主次。信息内容的梳理是版式设计的第一步，设计师要做到“心中有数”才能让读者清晰、明确、有兴趣地阅读，提高信息传达的效率。

在应用设计中会有不同的信息内容和诉求点。有以形象诉求为主的项目，如形象广告、形象手册、网站首页，等等。这些项目的文字量一般较少，往往以形象LOGO、品牌名称为主，配合广告语、活动要点呈现。此类项目往往营造单一级视觉中心，将形象LOGO或品牌置于最主要的位置，给予强烈体量，而其他元素则点缀呼应，形成阅读的顺序。此外，亦有以大量信息介绍为诉求的项目，此类项目往往信息量较大，需要观众详细阅读了解，此类项目更需对内容级次梳理、分类，根据内容的主次确定文字体量及位置，以醒目的标题或图片吸引视觉，制造秩序、条理、层层递进的阅读顺序，激发观众逐级阅读的兴趣。

▲ 以形象为主要诉求的广告

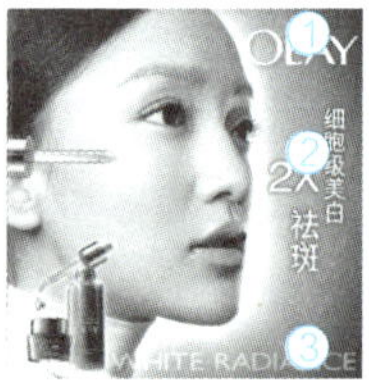

此案例以形象为主要诉求点，文字内容按①品牌LOGO→②产品特点→③英文广告语三级组织。①品牌LOGO被置于画面右上角（视觉始点），且体量最大，易于识别、记忆；②产品特点以竖排构成，既符合版面空间需要，又较为特殊，同时强调了“2X祛斑”——产品的核心特点，信息传达准确、清晰；③英文广告语主要辅助体现品牌的国际性，是视觉的最后一级，置于最后并淡化处理。

注：●色块大小代表视觉强度的轻重

▲以解读产品特点为主要诉求的广告

秩序性是通过对文字体块大小、字体、位置、方向、疏密的组织完成的。本项目中处于第一视觉级别的是右侧的产品特点“细胞级美白 2X祛斑”，粗壮的字体、较大的体块和相对独立占有的空间使其成为视觉焦点。其他内容：特征分析标题、解释性标题、副标题、内文、相关批准文号通过色块辅助、字号大小、位置安排构成了不同的视觉级别，也使构成了层次清晰、信息明确的阅读过程。

1.3 阅读性

版式设计的根本目的在于科学、合理、艺术地呈现信息内容，吸引观众自然、流畅地阅读并有所记忆。

尽管形象性广告多以极简约的手法和极少的信息点示众，但更多的项目都有多重信息，也就要求设计师设计制定有条理、秩序性、层次性的信息呈现，依据“视觉吸引”→“核心信息”→“信息主体”→“辅助信息”营造自然、顺畅、合理的视觉阅读流向，以此引导观众自然地进入阅读状态，不由自主地获得所传信息。

1.3.1 视觉阅读流向

视觉具有主动选择的能力和习惯。

譬如，我们看到一群人，总是首先注意到高大威猛或者熟悉的面孔，然后才关注到装束别致或三两人组，最后才能看到举止平常或大群人……这就是视觉的选择性，这种选择性使人具有了顺序阅读的特性。

▲“交通银行·领汇财富”项目推广

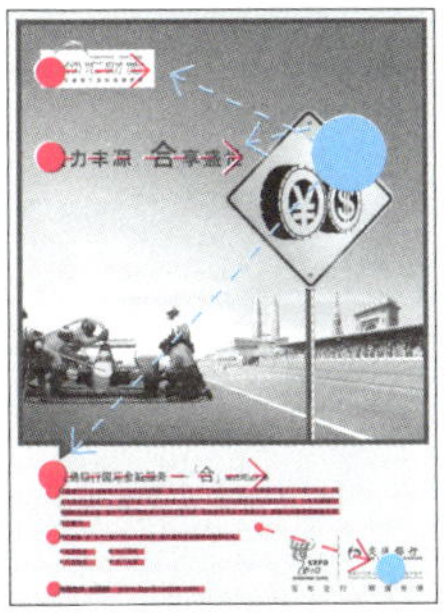

交通银行海报阅读流向及顺序分析：推广画面借助情境图像构成导向牌为视觉中心点，以此为基点构成产品品名→产品广告语→产品详尽介绍→服务电话网址，最后为银行形象LOGO信息的阅读顺序。广告图文结合、条理清晰，形成了较为丰富的阅读过程。注：●代表由图为始点的阅读，●代表由文字为始点的阅读，●●大小代表视觉量感的强弱。（全书请参照此提示）

▲ 设计大赛推广海报　张爱民

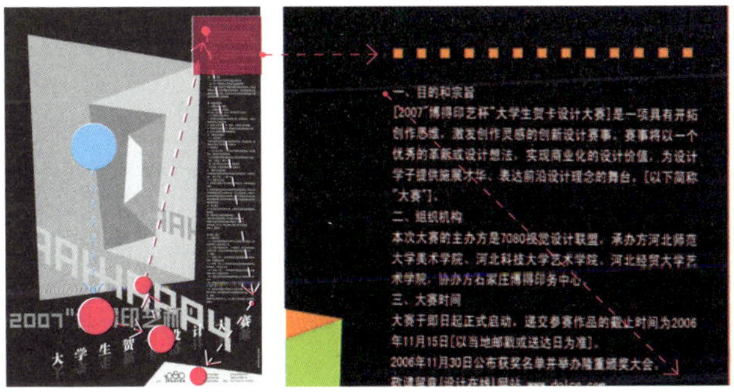

▲ 设计大赛推广海报阅读流向分析

2007“博得印艺杯”大学生贺卡设计大赛推广海报视觉流向与阅读顺序分析。海报首先运用色彩艳丽的意象性抽象图形构成强烈的视觉效果，抓住观众的视觉。而后以整体而活跃的方式将主标题、副标题及活动主旨英文组成跳动的视觉组合，使活动主题鲜明、生动。活动详细内容置于画面右侧构成文字色块，吸引有意读者深入阅读。而主协办单位等信息安排在最后，但使用鲜亮底色有所强调。通过文字体量、字体、颜色、位置等因素的变化，构成了本组海报主次分明、轻重缓急的阅读顺序。

除却文字内容的先后，因为文字体块大小、字形、位置、方向、色彩、疏密等因素的不同，再加上图形（图像）的引导性，视觉会形成主次、先后的阅读顺序。设计师必须利用这一视觉规律营造科学合理的阅读流向，亦即建立合理顺畅的阅读引导，才能提高读者的阅读兴趣，增强信息的高效传达。

1.3.2 文字的识别度

文字的识别度即文字视觉辨别的清晰度。正常的阅读需要文字保持足够的清晰度。文字的识别度与文字大小、字体字形、文字颜色、文字背景和观众的个体差异等因素有关。设计师需要根据目标群体特征区别对待。

文字识别度最主要的因素即文字的大小。在明视距离（正常状态下，眼睛看25cm处读物较为舒适，称之为明视距离）阅读情况下，文字过大过小都会引起视觉的不舒服感。当然大体量处理没有具体的限度，通常标题为12~36pt（相当于小四号~小初号字）。而文字的最小限度是有的，通常精致印刷中文字可识别的最小限度为4pt（相当于十号字），小于4pt文字则很难识别。但如果印刷精度低的话（如报纸），则应将最小限度提高到6pt，作为阅读性的正文（如书籍、报纸内文）一般为8~10pt（相当于六号~五号）。标注性文字设定范围为5~7pt（相当于八号~小六号），印刷越精美，字号可越小。

文字大小还得依据个人差异设定，如对于儿童和老人读物，则需要提高文字体量，越为低幼或年老者，文字设定应越大。

字体也是影响识别度的重要因素。字体的区别主要体现在笔画特征的差异，其中重要因素是笔画的粗细。比如，黑体字笔画粗壮，较为醒目，适用于标题和大体量情境，如用至8pt以下，反而识别度不高；传统宋体字形优雅、古朴，亦适于标题和大体量情境，因为

住空气质量标准的后腿

天，全市大部分地区出现了轻…污染的雾霾天气。CFP/图

]是，自从 1997 年美
'M2.5 列为检测空气
重要标准后，国际
国家均已制定相关
亚洲，除发达的日本

齐、桂林这样的内陆城市的声音。

反对者却也理直气壮，“制定标准，要符合实际。如果百分之八九十都做不到，标准等于

比较复杂的问题。”白志鹏向南方周末记者回复时表示。

征求意见稿最终采取了折中方式——2010 年 10 月 9 日，环保部科技标准司标准处的修订讨论会上，最终确定了如下判断——“当前国家制定实施 PM2.5 环境空气质量标准时机不成熟；统一发布 PM2.5 等污染物的环境空气质量参考限值，地方省级政府可参考其制定地方环境空气质量标准。”强制性指标悄然变身为参考推荐性指标。

王庚辰批评说，这样的标准，对环保部来说是最讨巧的办法，“最容易做，最不容易引起纠纷，也是最省事的办法。”这低估了国家对环境工作和研究的水平，“依我的了解，全国绝大地方来讲，已经有可能、有条件做这个工作。”

科学问题？政绩问题？

魏复盛承认，关于 PM2.5 引入标准之争，还是一场群体

▲《南方周末》报纸内容（局部，实际大小）

《南方周末》版面字号分析：①标题：30pt超粗黑体；②内文标题：12pt中等线体；③正文：9pt报宋体；④标注：7pt中等线体，110%字宽，字符间距设定值20。

▲“正负极电池”名片设计（实际大小） 张爱民

文字的最小限度在名片、信封、信纸、办公用品设计中显得尤为重要，这些项目本身体量较小，而信息内容却并不少。如在名片设计中，有些设计师为追求文字形式，经常将信息文字设定过小，忽略了信息传递的准确性，弄得顾此失彼，一定要引以为戒。一般情况，名片中最小字号不宜低于8pt，如是针对年长者使用，最小字号则需大于9pt。

楷体		黑体
文字识别度	42pt（初号）	文字识别度
文字识别度	36pt（小初号）	文字识别度
文字识别度	26pt（一号）	文字识别度
文字识别度	24pt（小一号）	文字识别度
文字识别度	22pt（二号）	文字识别度
文字识别度	18pt（小二号）	文字识别度
文字识别度	16pt（三号）	文字识别度
文字识别度	15pt（小三号）	文字识别度
文字识别度	14pt（四号）	文字识别度
文字识别度	12pt（小四号）	文字识别度

▲ 一般标题使用的字号

报宋体		细黑体
作为阅读性的正文（如书籍、报纸内文）一般为8~10pt（相当于六号~五号）。	10.5pt（五号）	作为阅读性的正文（如书籍、报纸内文）一般为8~10pt（相当于六号~五号）。
作为阅读性的正文（如书籍、报纸内文）一般为8~10pt（相当于六号~五号）。	10pt	作为阅读性的正文（如书籍、报纸内文）一般为8~10pt（相当于六号~五号）。
作为阅读性的正文（如书籍、报纸内文）一般为8~10pt（相当于六号~五号）。	9pt（小五号）	作为阅读性的正文（如书籍、报纸内文）一般为8~10pt（相当于六号~五号）。
作为阅读性的正文（如书籍、报纸内文）一般为8~10pt（相当于六号~五号）。	8pt	作为阅读性的正文（如书籍、报纸内文）一般为8~10pt（相当于六号~五号）。

▲ 一般内文使用的字号

标注性文字设定范围为5~7pt（相当于八号~小六号），印刷越精美，字号可越小。	7.5pt（六号）	标注性文字设定范围为5~7pt（相当于八号~小六号），印刷越精美，字号可越小。
标注性文字设定范围为5~7pt（相当于八号~小六号），印刷越精美，字号可越小。	7pt	标注性文字设定范围为5~7pt（相当于八号~小六号），印刷越精美，字号可越小。
标注性文字设定范围为5~7pt（相当于八号~小六号），印刷越精美，字号可越小。	6.5pt（小六号）	标注性文字设定范围为5~7pt（相当于八号~小六号），印刷越精美，字号可越小。
标注性文字设定范围为5~7pt（相当于八号~小六号），印刷越精美，字号可越小。	5.5pt（七号）	标注性文字设定范围为5~7pt（相当于八号~小六号），印刷越精美，字号可越小。
标注性文字设定范围为5~7pt（相当于八号~小六号），印刷越精美，字号可越小。	5pt（八号）	标注性文字设定范围为5~7pt（相当于八号~小六号），印刷越精美，字号可越小。
通常精致印刷中，文字可识别的最小限度为4pt（相当于十号字），小于4pt文字则很难识别。	4pt（十号）	通常精致印刷中，文字可识别的最小限度为4pt（相当于十号字），小于4pt文字则很难识别。

▲ 标注性文字及最小限度的字号

横竖笔粗细差异较大，过小体量同样不利识别；仿宋体笔形纤细，体量大时则瘦弱骨感，小体量应用时却精致易识，可用于4~8pt的使用范围。当然现今字体字形较多，如同属黑体范围的细黑、中黑、细圆等同样适合小体量应用，所以设计时一定要仔细分析文字特征，区别对待。

字体字形亦包括文字长宽比例，通常印刷文字视觉上偏纵向，标题性文字可据需要做长宽的不同变化，但正文或大批量阅读文字长宽比例的变化则会引起视觉的不舒服。

仿宋体 ········ 字 体 影 响 识 别 度

报宋体 ········ 字体影响识别度

细等线体 ········ 字 体 影 响 识 别 度

超粗黑体 ········ **仿宋体笔形纤细，体量大时则瘦弱骨感，小体量应用时却精致易识，可用于4~8pt的使用范围。**

粗宋体 ········ **仿宋体笔形纤细，体量大时则瘦弱骨感，小体量应用时却精致易识，可用于4~8pt的使用范围。**

魏碑体 ········ 仿宋体笔形纤细，体量大时则瘦弱骨感，小体量应用时却精致易识，可用于4~8pt的使用范围。

▲ 标题、正文适宜字体反向比较

文字色彩方面的影响，主要表现在文字与背景间的色彩反差。在实际项目中，我们也不会将背景与文字进行同色调处理，更多作为情境烘托气氛。但是，作为阅读的需要，则必须保证文字与背景的色彩差度。不仅色彩差度影响内容的识别度，背景的纯粹与重复性也很重要。在应用中，很多时候需要解决图与文的关系（此部分详解见2.5）。

文字识别度 a:c35m100y0k0 b:c0m0y100k0

文字识别度 a:c100m20y100k0 b:c0m100y100k0

注：a代表文字，b代表底色

▲ 互补色的视觉反差

色彩对于文字识别的影响，主要体现在文字与背景的明度反差上，反差越大，文字的识别性越高，识别性最高的当数黑白对比：白底黑字或黑底白字。如果反差低于10%以下，文字识别则变得困难。

色相、彩度的反差涉及因素较多，明确数值较为困难，更多通过视觉直接感受、判断。一般情况，色环中距离愈远，反差对比愈强，识别性愈高。但红色系与绿色系例外，因其明度相近，如两组配合视觉识别会非常辛苦。

超粗黑体 ········ **字体影响识别度**

大黑体 ········ **字体影响识别度**

黑体 ········ 字体影响识别度

粗宋体 ········ **字体影响识别度**

大标宋体 ········ 字体影响识别度

魏碑体 ········ 字体影响识别度

楷体 ········ 字体影响识别度

▲ 适宜作为标题的几款字体

仿宋体 ········ 仿宋体笔形纤细，体量大时则瘦弱骨感，小体量应用时却精致易识，可用于4~8pt的使用范围。

报宋体 ········ 仿宋体笔形纤细，体量大时则瘦弱骨感，小体量应用时却精致易识，可用于4~8pt的使用范围。

细等线体 ········ 仿宋体笔形纤细，体量大时则瘦弱骨感，小体量应用时却精致易识，可用于4~8pt的使用范围。

细黑体 ········ 仿宋体笔形纤细，体量大时则瘦弱骨感，小体量应用时却精致易识，可用于4~8pt的使用范围。

幼圆体 ········ 仿宋体笔形纤细，体量大时则瘦弱骨感，小体量应用时却精致易识，可用于4~8pt的使用范围。

▲ 适宜做正文或标注的几款字体

文字识别度 a:c100m70y0k0 b:c60m0y0k0

文字识别度 a:c100m70y0k0 b:c100m90y10k0

文字识别度 a:c100m70y0k0 b:c35m100y0k0

文字识别度 a:c100m70y0k0 b:c20m100y0k0

文字识别度 a:c100m70y0k0 b:c0m100y0k0

▲ 文字与背景的色相反差

文字识别度 a:c0m0y0k95 b:c0m0y0k0

文字识别度 a:c0m0y0k95 b:c0m0y0k25

文字识别度 a:c0m0y0k95 b:c0m0y0k50

文字识别度 a:c0m0y0k95 b:c0m0y0k75

文字识别度 a:c0m0y0k95 b:c0m0y0k100

▲ 文字与背景的明度反差

1.3.3 间距、行距与分栏

正常的文字间距与行距对单个文字的识别度并无多大影响，但对于阅读的顺畅与否有很大关系。间行距的大小是完全依据字号大小的相对值，一般来讲排版软件默认（缺省）的文字间距为115%，文字行距为120%。

汉字自1955年《光明日报》横排以来，仅仅照搬了西方的横排式样，却不大关注字间距、行距对阅读的影响。造成打开书页，呈现眼前的都是密密麻麻的文字块，没有十足的耐心很难读下去，这种情况尤以马列、科技、学术读物为甚。而今读物，尤其是青少年读物，文字间距及行距被拉得大大的，阅读倒是疏朗了（例如新近小说），却有故意拉长版面、增加纸张及码洋之嫌。所以，科学合理的文字间距与行距有待设计师深入研究。但对于广告性质的读物，则不受其拘束，可有意增加或缩减文字间距、行距，以增强信息的视觉吸引力，提高观众的阅读兴趣。

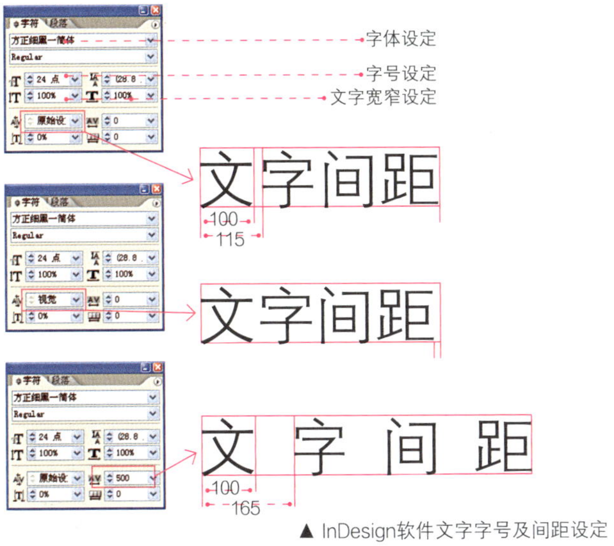

▲ InDesign软件文字字号及间距设定

文字间距是以文字边线至下一文字边线宽度与文字宽度比为单位，缺省设置一般为115%。排版软件中文字编排都有缺省设置和人工设置两种方式。缺省设置又有原始设置和视觉设置两种：原始设置是指文字理论宽度（汉字为等宽度）的等距设定，视觉设置则依据每一单个字（或字母）的实际宽度进行分别设定，以满足视觉的等距感（此设定对于拉丁文尤为重要）。手工设置可在面板中输入数值以增加或缩减文字间距（负值为缩减）。

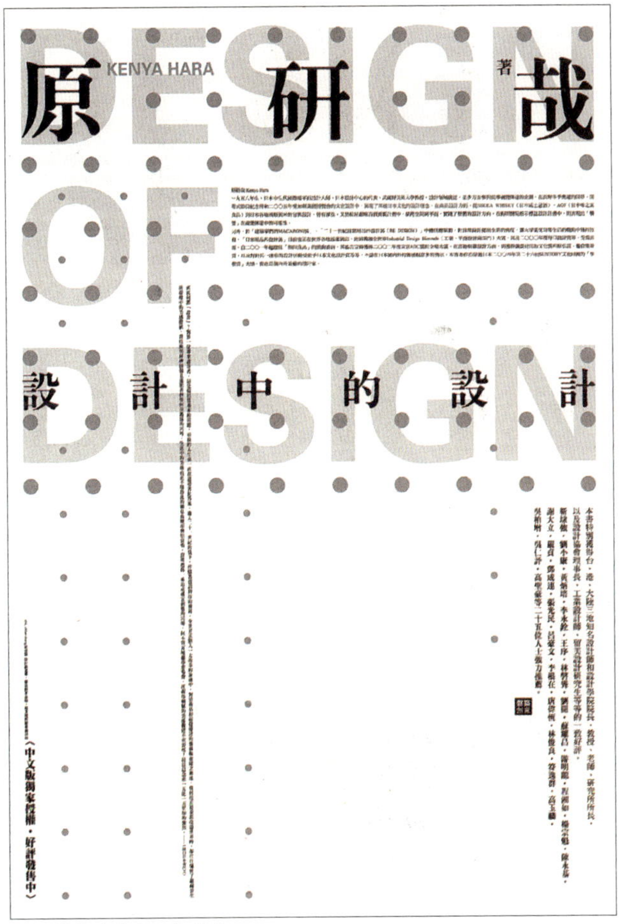

▲ 书籍推广海报 纪健龙

自由间距、行距案例：海报中，作者及书名打破了常规的字间距，而与整体空间构成一致，形成强力的视点，其他内容则分属不同层级的文字块。汉字点、图形点、汉字块、英文块构成丰富、优美的阅读层次与节奏。

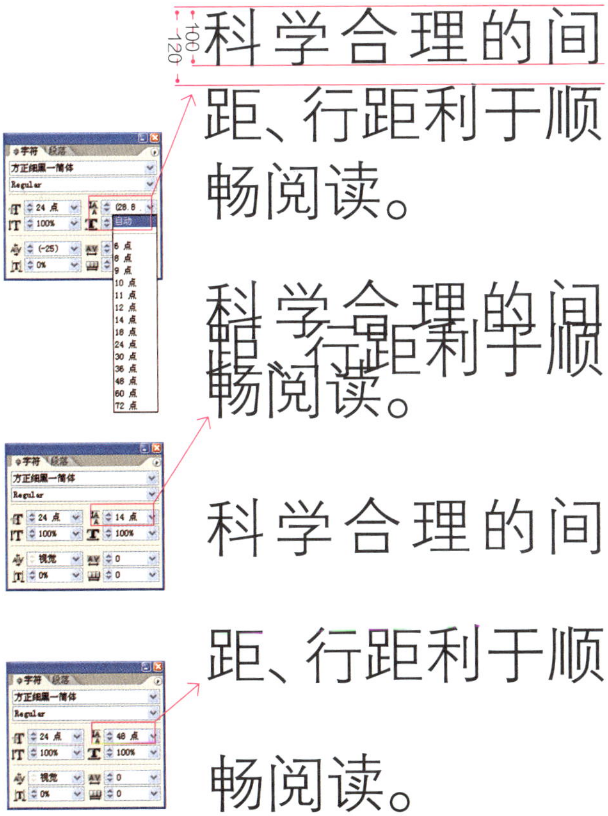

▲ InDesign软件文字行距设定

软件中行距的缺省（自动）设置为120%。可通过手动方式调整行距大小，如果行距数值小于字号，文字便会重行，不利于阅读。

视阈特征是横式排版和分栏的直接原因。

视阈横向角度要远远大于纵向角度，且眼睛和头横向转动优于纵向移动，亦即文字的横向排列更适合人的生理特征，更利于阅读速度的提高。我国古籍、碑刻及书写自古为竖式，20世纪初，学者们即大力倡导汉字改革。至1955年元旦，《光明日报》改文字直排为横排，掀开了汉字排式改革的历史大潮。1956年，中国所有的报纸改为横排版面。由此，汉字横式阅读逐渐成为习惯。

在眼睛直视的情况下，视觉最舒服、清晰的部位即两眼视阈中间重叠的狭窄之处，正常阅读（视距1尺左右）时为4~6cm，在此范围内的文字，眼睛可以快速浏览，即可做到“一目十行”。超出此宽度，眼睛必须不停移动才能延续阅读，如字行过长不仅容易造成阅读的疲乏，更影响阅读的速度。所以书籍、报纸等读物，编排中一般采用分栏方法，即是基于此科学诉求。

当然，汉字也并非不可以直排（竖排）。横排符合眼睛生理特征，并较适宜与拉丁文及数理算式的融合，是版式常规方式。但如为追求文字形式、强化视觉效果则可灵活对待。

▲ 文字海报　蒋华

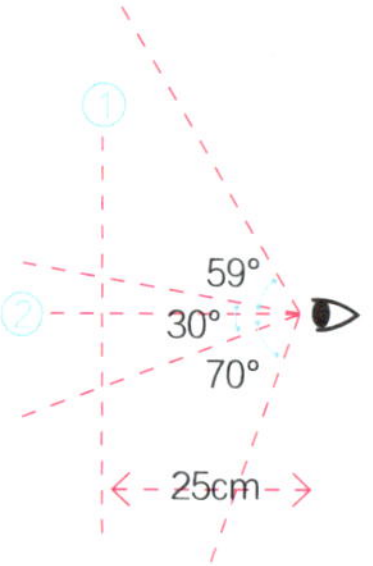

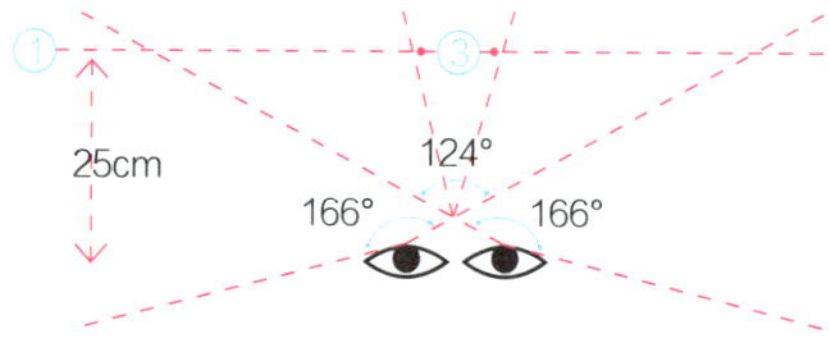

▲ 横向视阈与垂直视阈的比较

视阈是视觉生理特征的重要表现，是指能产生视觉的最高限度和最低限度的刺激强度。人的单眼横向视阈为166°，能够清晰辨认的范围为双眼视阈重叠的124°内，而最舒服的范围为重叠区域最中间的狭窄部分（与明视距交叉处为4~6cm，这是版式分栏的重要原因）。眼睛垂直视阈约120°，与横向整体208°相差较大，也便形成了横向阅读优于纵向的状态。①明视距。②视平线。③视觉最清晰、舒服的阅读范围。

世界新闻　2011年2月2日　星期三　09

白宫证实洪博培将辞职　可能参加2012年美国总统选举

美驻华大使欲挑战奥巴马

核心提示
- 洪博培已经对几名政界要员表示，他计划在今年年初离开北京
- 一家美国媒体指出，洪博培如参选将面临很多强有力的竞争对手，如佩林、罗姆尼等人
- 洪博培与中国颇有渊源，他有一名从中国领养的女儿

洪博培已表明要辞职

组建团队评估可能性

为奥巴马工作可能成障碍

相关新闻
奥巴马支持率陡增至91%

▲《河北青年报》版式分割

▲《中国当代艺术生态》版式分割

← 在广告、包装及其他艺术设计应用中，为突显信息重点，往往强调文字的形式感、表现力，可灵活处理文字排式：横排、直排、散排或混排。当然，基本的视觉阅读规律仍是重要设计原点。

↑ 报纸分栏多在40~50mm，一般图书分栏与报纸相差不多。但广告及艺术类图书（包括诗集、小说等）分栏较为灵活，甚至为追求变化，每页分栏尺寸都有所变化。

1.4 栅格系统

栅格系统是安排信息元素的网格结构，是各级信息元素进行有机构成的重要参考依据。最常见的栅格系统是图书页面的版心设置，这种方法早在十五六世纪欧洲的印刷者即开始采用。基于这些网格的帮助，文字内容形成了统一的布局和相同的阅读范围，让阅读变得有了规律，让检索变得便利。当然，今天的图书版式并非停留在这一简单网格上，根据视觉特性我们可以设定二栏、三栏网格，并可通过调整各栏的宽度增加内容呈现的丰富性。

对于栅格系统的掌握可以通过3×3基本网格进行训练。在简单的3×3网格中，可以营造出无数种文字构成面貌，由此可以领略栅格系统带给我们的惊奇。同时，在实际应用中基于“#”字格，可演变出更多样式，以增强版式的丰富性。

栅格系统的实质并非简单的网格套用，而是帮助我们建立信息内容的关联性，就像眼睛与耳朵的关联，耳朵与鼻子的关联一样。良好的版式设计一定是各元素构成的一部有机机器，惟此才能创造优美的阅读过程。

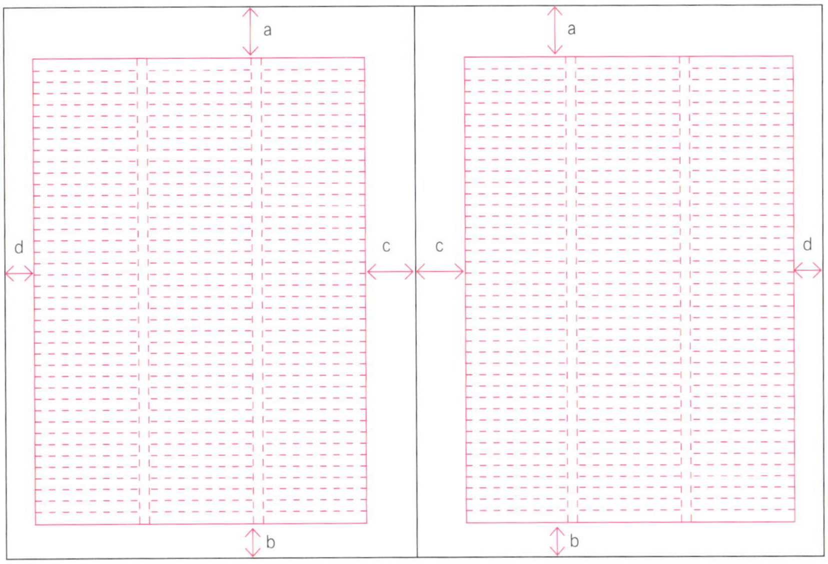

▲ 本书的基本网格

↑ 本书在排版之初即确定了二栏+三栏的基本网格。考虑到书缝处阅读的便利，将版心内白边设置较大。三栏布局的每栏宽度为53mm，非常适于阅读。a.天头：25mm；b.地脚：17mm；c.订口：25mm；d.翻口：15mm。

↓ 3×3网格练习可以训练我们对平面空间的结构感和构成感。通过网格，我们很便利地探索信息块的组织式样，通过比较感知不同版式构成的视觉差异。借助文字色条，可以帮助我们审视信息块组织的节奏性。

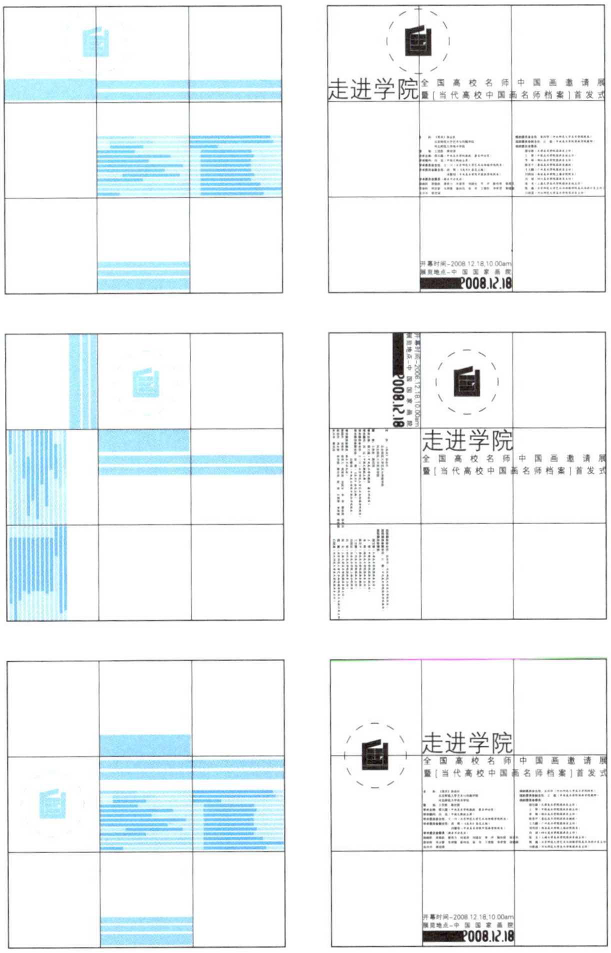

▲ 3×3网格练习

▲ “走进学院”活动推广最终式样

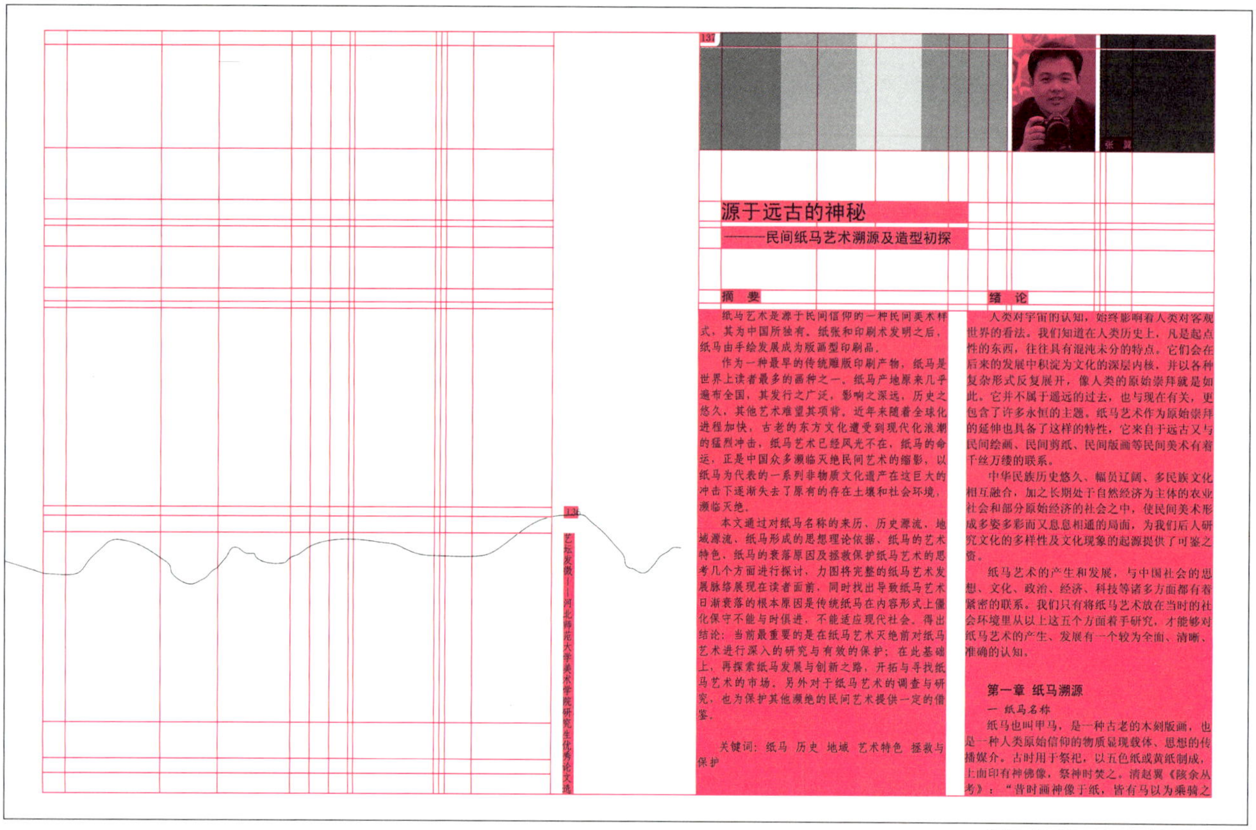

▲《艺坛发微》内页版式与结构网格

▲《中国当代艺术生态》内页版式与结构网格

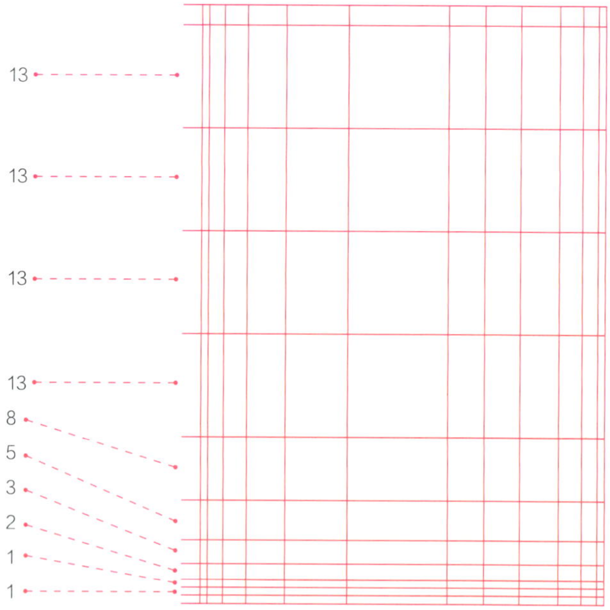

▲ 基于斐波纳契数列的结构网格

网格应用

栅格系统的重要作用是建立版面的结构关系，令各元素相互间存在联系，以构成视觉阅读的连贯性与秩序。如栏头、标题、摘要、正文、页码……都能借助网格找到相对固定的位置，为阅读提供便利，并建立系统、严整的视觉形象。但为了追求版式的活跃，应用中也会在“#”字网格的基础上增加网格的丰富性，甚至建立基于各种数列的结构网格。数列网格因具有极规律的数字性和规律性，较易构成强烈的视觉秩序感，应用中很受推崇。

课题训练

课题1 宣传品“再设计”

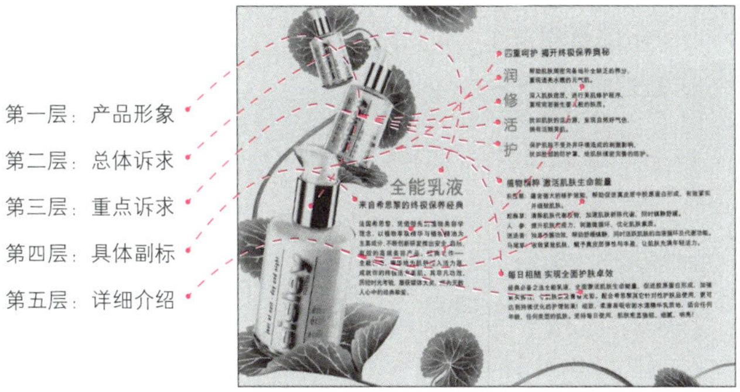

▲ 信息主次与层次

课题说明

1. 本课题以实际案例为切入点，要求每位同学选择一张图文并茂的宣传页（可以是产品、活动或文化类）。

2. 分析其内容，明确其核心诉求、信息元素的主次关系和展现层次（标注或抄录下来），探讨其阅读顺序与流程。分析其栅格结构，并将各信息元素概括为抽象点、线、面，包含位置、大小、长宽因素，探讨其视觉节奏感。

▲ 化妆品宣传页

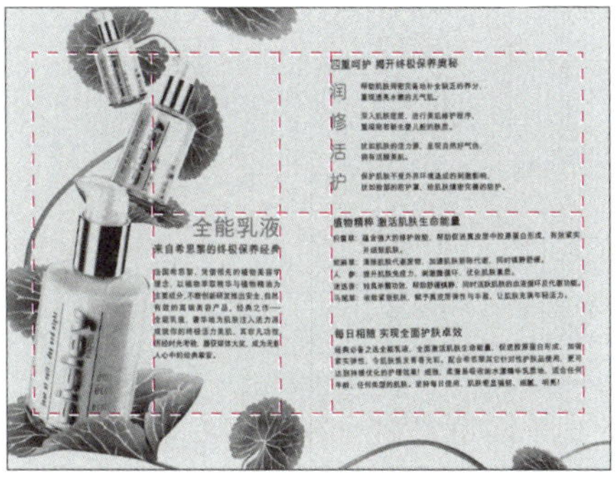
▲ 宣传页基本网格

①本宣传页中产品完整，能够给人直观感受。但成串出现增加气氛的同时，降低了产品的视觉张力，不易给消费者留下强烈的第一印象。

②“全能乳液”为本产品总体诉求点，位于文字内容的第一阅读层次，应给予突出、强调，发挥吸引消费者的重要作用。

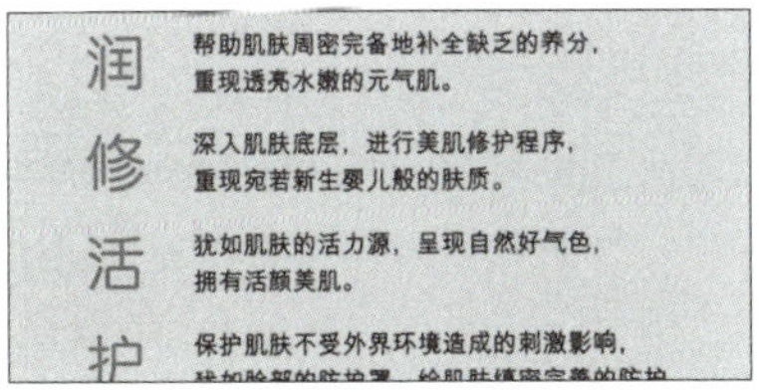

③“润、修、活、护”应是消费者重点了解的产品特点，应与其他内容区隔出来。本页中做了一定区隔，但不明显。

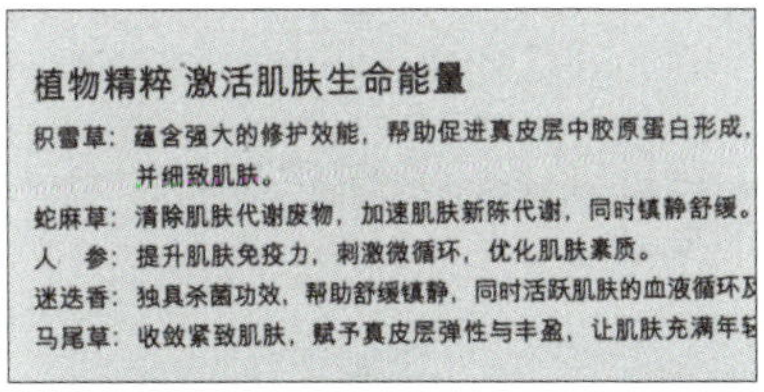

④作为详细介绍性内容，总是处于阅读的较后层次，这便需要发挥其整体字块的作用，一旦松散，既降低形象品质，又难以激发阅读兴趣。

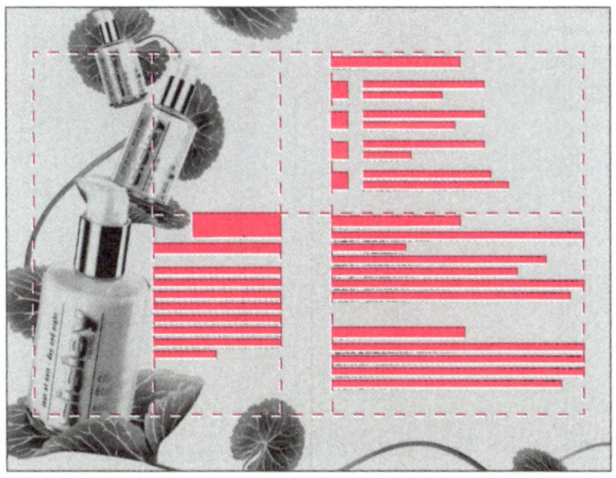
▲ 信息的基本节奏

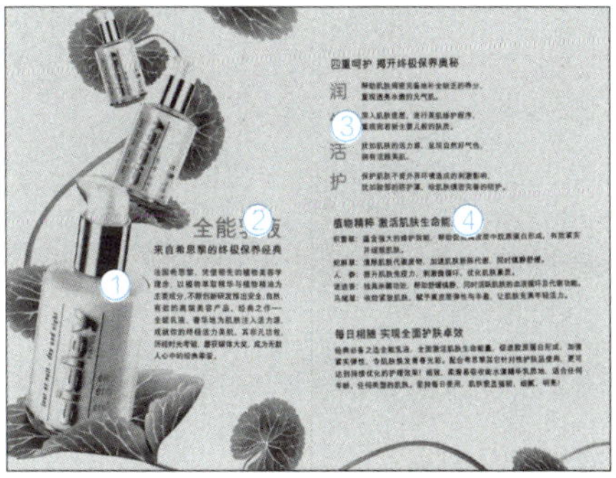
▲ 宣传页设计分析

课题引导

1. 通过对宣传页的分析，确定应突显的内容及呈现次序，如对产品、核心诉求点体量、位置的基本考虑。

2. 建立基本版心网格，首先确定主要内容的位置，并尽可能予以突显。而后依级别顺次编排相关内容。

▲ 化妆品宣传页的“再设计”分析

“再设计”的目的在于让同学们自开始即结合实际案例进行学习。通过对实际案例的分析，能够比较全面地认知应用项目所涉及的信息内容，不仅提高同学们的设计判断力，也能够锻炼大家对信息内容的梳理、整合的能力。①放大并设置唯一的产品，让其成为视觉的焦点，给人以强烈、震撼的视觉效果。②新一步强化标题，并与产品图片相结合，使读者很自然地关注到“总体诉求”。③将重点诉求点与其他内容区别开来，也使其很容易看到。④提高字号和增加边框，使各信息点标题更为醒目，条理性更强。⑤品牌广告语置于视觉起点，既不影响产品的核心诉求信息，又能得到很好关注，给予产品优质背书。

▲ 化妆品宣传页的“再设计” 曹春柳

课题2 海报设计

课题说明

1. 本课题是以“传承与创造——河北师范大学美术学院第三届教师作品展”这一实际项目进行的版式设计练习。教师为同学们提供了包括主题、展览内容、展览时间、地点、开幕时间、主办单位及联系方式等相关信息。

2. 课题要求以文字为主，为展览设计一张推广海报。必须做到主题突出、内容次序分明、视觉鲜明、信息完整，以文字编排为主要创意点，可以适当借助一定图形。

3. 每人创作4幅A4大小创意稿，通过比较分析优劣，最终完成一幅70cm×100cm的海报作品。

↑ 海报整体有一定格局，图形与文字分割为两个较为明显的区域，阅读较为清晰。①图形形态不够新颖，影响了海报质量。②主标题视觉效果不够强烈，主要原因在于字体不够粗壮，色彩有些柔弱。③解释性信息具有较强整体性，所以视觉效果也比较强烈。但由于过于密集，缺乏行距及分类对待，使阅读稍显困难。

▲ 展览海报 王禹

▲ 展览海报 王文清

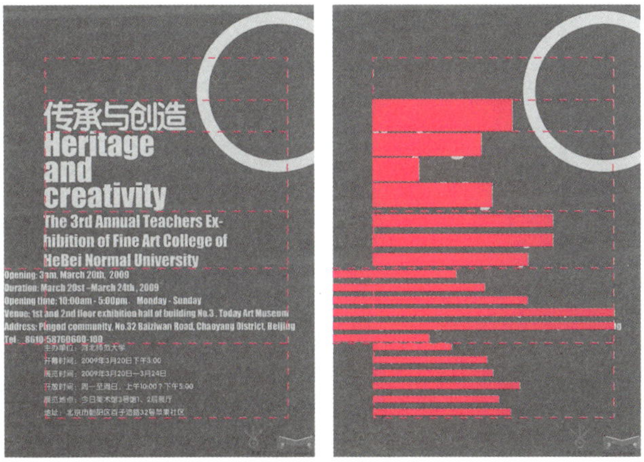

▲ 展览海报设计分析

← 本海报英文字体选择较为恰当，粗壮、醒目、体块感强。海报内容有分类、有次序，有一定组织形式。①汉字主标题不够醒目，体量不够，字体过于柔和。②文字间距考虑不多，尤其是各层次间距离过近，造成不能清晰分辨不同内容。③图形起到了活跃画面的作用，如置于左上角更符合视觉流程规律。④标志是主、协办单位象征，是海报的重要信息元素，但其位置与大小缺乏与文字内容的联系性，过于孤立。

课题引导

1. 文字型海报主要以文字的组合、构成达到吸引视觉、激发阅读、传达信息的作用。信息主题的醒目性是海报的第一诉求，所以核心信息和主标题应该占据最为突出的位置和体量。为了让主题一目了然，更具视觉强度，可以将主标题和副标题组合为一个整体。

2. 为了构成视觉阅读节奏，文字块不应占满整个平面空间，应该留有一定空白，形成一定空间对比。所以，根据实际应用尺寸，主、副标题与核心诉求点“3”构成了一定画面分割。依据这一分割，其他相关信息内容被置于主、副标题所占有的空间之中，既形成虚实对比，又具有较强次序性。

3. 基于信息呈现的基本样式和次序，根据不同尺寸和场合对所有元素进行适当调整，从而形成既统一又富于变化的应用方案。

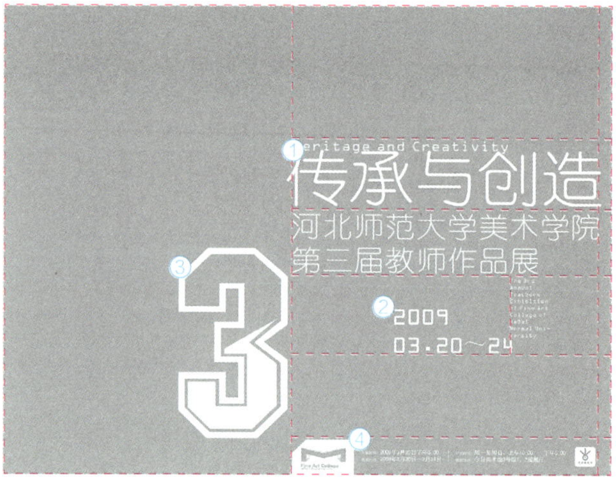

▲ 展览户外宣传设计分析

①秀丽、严谨的中圆标题向外界强调了展览的学院色彩，超大的体量和反白处理，达成醒目视效。②主要信息依次呈现，并有所强调。③文字图形化，既形成对比，又具信息价值。④标志处于阅读的最后层次，通过与时间、地点等信息的一体化处理，使其成为整体不可分割的一部分。整个海报视觉强烈、节奏丰富、阅读顺畅、重点突出。

▲ 展览户外宣传　张爱民

▲ 展览户外宣传变化及应用

课题3 主题创作

课题说明

1. 版式设计不仅仅是编排现有的文字内容，作为设计师应该具备一定撰写文字的能力，并且一定要具备文字整理、归类的能力。基于这样的考虑制定此课题。

2. 课题要求以“我的家乡”为主题，通过实地考察或体验，将自己对家乡的认识或感触整理为介绍性文字（150字左右），并将自己的特殊感触或认识转化为标题和副标题，构成明确的主题诉求，如“我的家乡——流动的彩虹·公交车”，“我的家乡——安宁晋福·凤凰来仪”等等。

3. 对文字内容进行主次、顺序的梳理与归类。可以利用3×3网格进行一定数量的编排组合练习。最后以文字为主创作一幅主题海报，要求主题突出、信息明确，并具有一定阅读美感。（此为可选课题）

主题创作信息表

标题 —— 细节决定城市品质

副标题 —— ——关于公交站亭的思考

内文 —— 城市不断发展，道路运输量的需求不断加大，对公交站亭的革新可以充分地增强道路的承载量，这就要求我们对公交站亭升级改造。

公交站亭首先应加强功能的升级，如增加报刊栏、充电区、公交路线图等。此外，在人员流动大的道路上，因为通车频率较高，应分设多个公交站牌，这样就会节省乘客上下车的时间，提高道路的畅通性。

★思政训练项目：

了解家乡典型的自然资源或代表性文化表现，搜集其基本资料，提炼、概括出个性要点和广告语，深入领悟中华优秀文化的独特风格和大好河山的无限魅力。

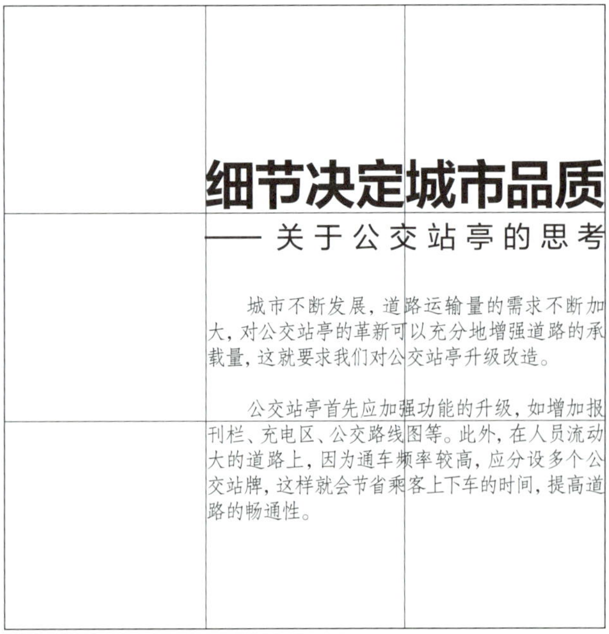

设计欣赏与点评

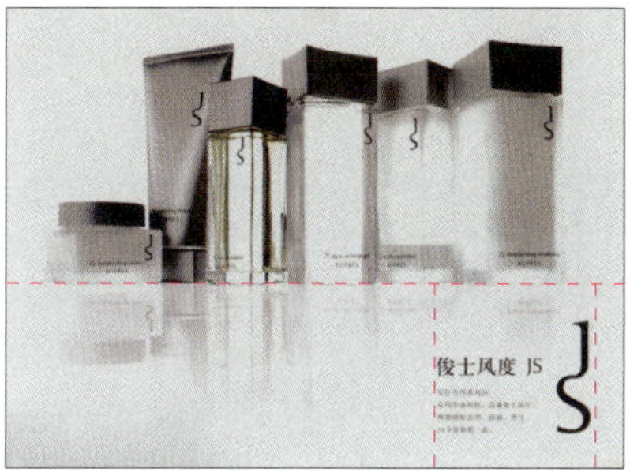

▲ 形象页结构分析

▲ 资生堂・俊士风度JS推广册・形象页

▲ 资生堂・俊士风度JS推广册・说明页

↑ 俊士风度JS为资生堂旗下一款男士美容用品，产品形象简约、硬朗，甚为符合男士形象特征。推广册封面只出现品牌LOGO，简约、大气、视觉冲击力强，构成了与产品一致的高品质形象。内页的第一部分为产品形象页，突出了产品包装形象和系列性，文字则以精练的语言解释了产品作用与价值。封面与形象页的编排目标是突显产品形象和LOGO，版式空间对比强烈、语言精练，达成了准确的形象诉求与信息传达。其他内页则是产品具体信息的介绍，产品与内容相对应，并且对容量、售价、功能、使用方法进行分类，通过字体、字号、行距的变化形成了条理清晰、阅读明确的视觉效果。因为运用了基本网格，各段文字及各页之间形成了较强的整体性，对于阅读和提升产品形象产生了良好的作用。

▲ 讲座海报　藤井贤二

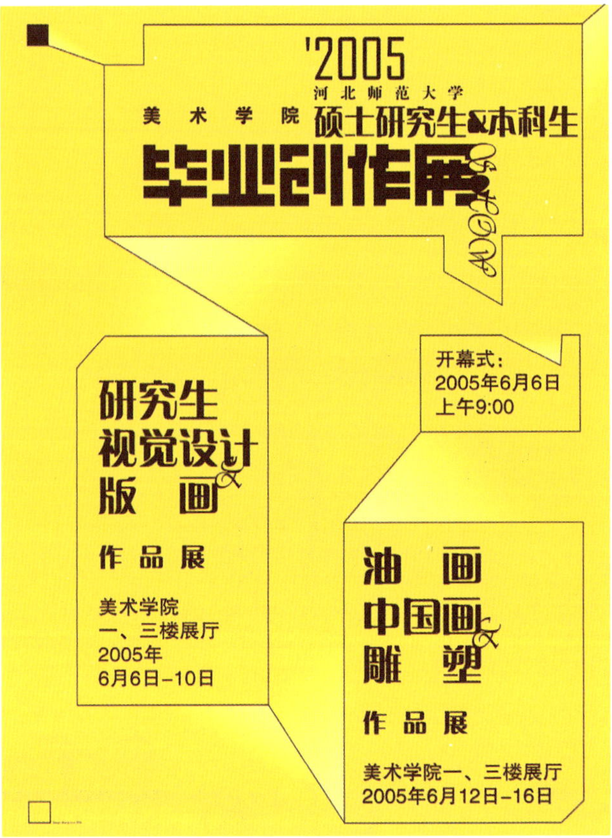

▲ 展览海报　张爱民

▲ 音乐海报　田中一光

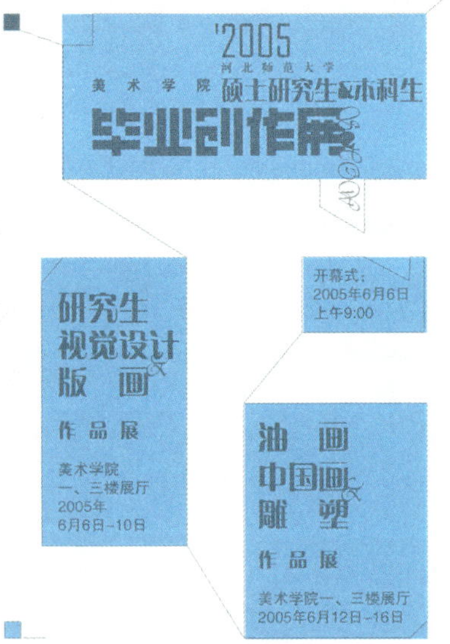

↑ 海报依据信息传达的先后顺序概括为主题、类别、时间文字块，通过体块大小、文字轻重及辅助线的引导构成了明确的信息传达过程。每一文字块中，根据信息的主次在字体选择、字号大小方面又有所区别，形成区域内的阅读顺序。

← 粗壮的标题非常醒目，与图形构成足够强效的视觉吸引力。而作为音乐演出的重要信息：日期、剧场、策划在海报中成为第二视觉层次，构成较强效的视觉节点。其他具体介绍性信息则处于第三视觉层次。海报主题鲜明，信息顺序自然，节点突出，是版式设计基本诉求的优秀表现案例。

▲ 千色店推广 杜宇坚

▲ 儿童品牌宣传 程藜

↖ 版式设计的应用媒介并非仅为二维平面，商品包装、工业产品、建筑环境等领域同样涉及版式设计。此组即是品牌推广案例，标识基本组合应用于茶杯、纸袋等不同载体，但主体形象甚是鲜明、突出，达到了易视易记、形象明确的传播要求。

↙ 此组为某儿童品牌推广作品，品牌信息应用于信纸、卡片、封套、海报等不同场合，因载体差异信息呈现各有不同，但信息主题十分醒目、强烈，足以让人对品名及组合产生深刻印象。

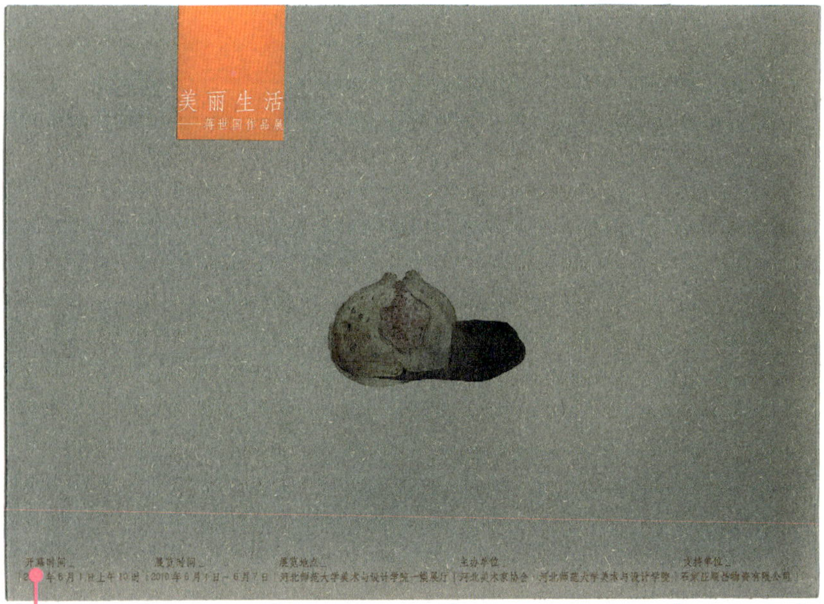

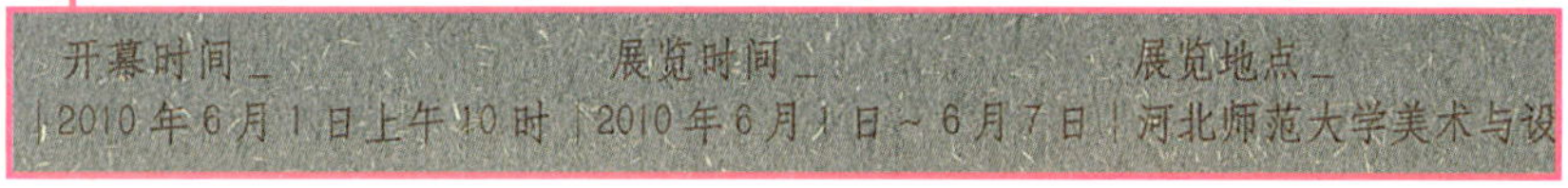

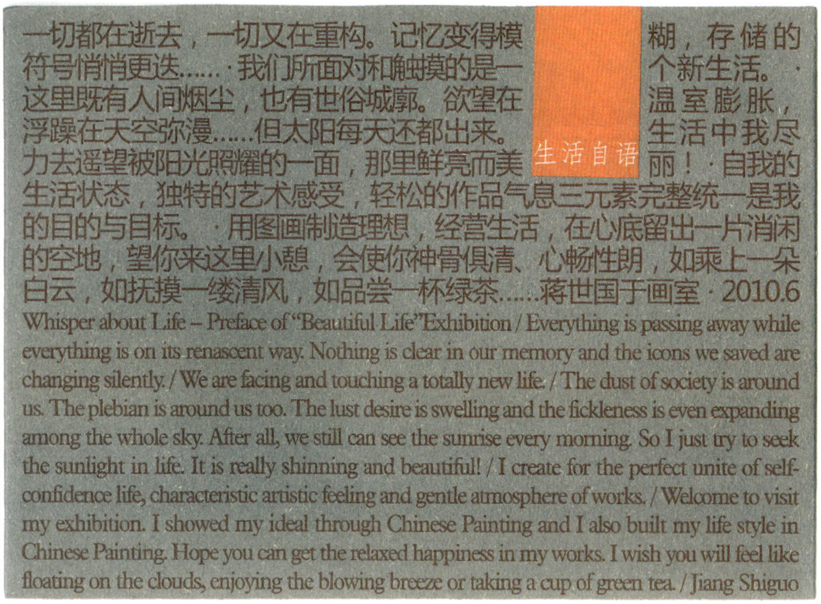

▲ 展览推广函套正·背面　张爱民

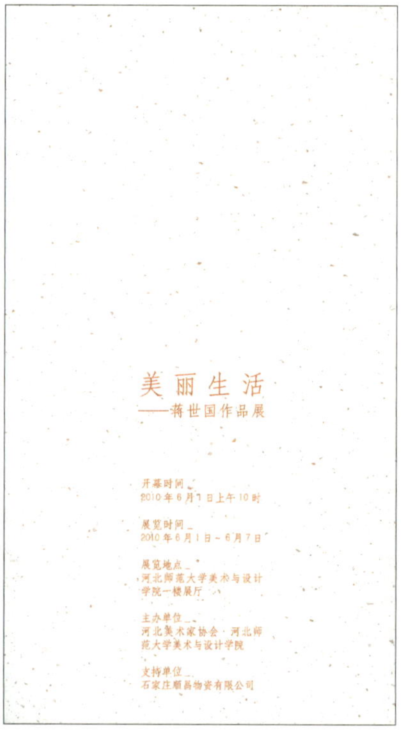

▲ 展览请柬

▲ 活动请柬　Khendi Lee

↑ 此项目为展览请柬与函套。请柬追求精巧、雅致，文字选用仿宋体，标题与信息内文构成整体文字块，置于纸卡的中下部。函套采用特种纸，正面追求简约，画面空旷而精致，主题突出。背面由文章内容布满画面，既是阅读内容，又构成视觉肌理，与正面形成鲜明对比。为突显标题，在文章右上角留出矩形空间，并采用鲜艳底色，标题甚为抢眼。这也是极少数小标题（与文章字号相比）强视效的案例。

← 主题与LOGO被赋予最大的体量，其他相关信息被有条理地分块置于不同位置，并把字体、字号处理出些微区别，形成条理清晰、秩序井然、轻重有别的阅读过程。

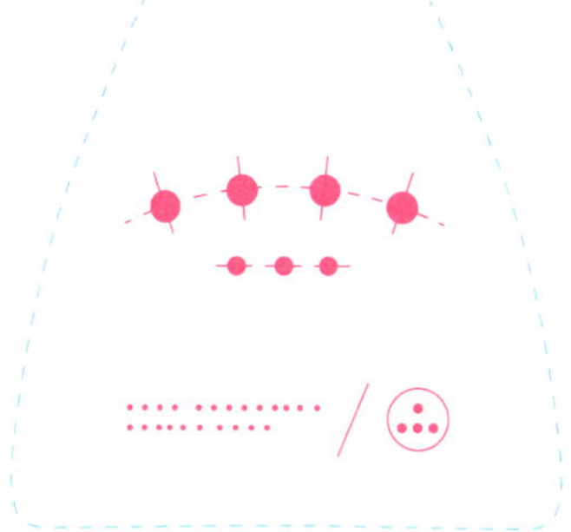

▲ 化妆品包装 Base

↑ 此产品包装与推广型目录品牌突出、信息清晰、查阅方便、性格鲜明。包装标贴中品牌LOGO、品名与基本图示构成鲜明的品牌形象。而另一部分则突显产品型号，并与相关具体信息构成整体。包装从品牌到品名（类别）到型号到具体信息的有效组织达成了形象与功能诉求的完美统一。

↑ 包装同样涉及版式的问题。此系列包装为“w'eau”品牌的不同类别系列产品，第一组产品包装突显了产品特性——防晒系数，字体粗壮、体量硕大，既具强效视觉冲击力，又便于识别选择。其他包括品牌LOGO、宣传语、介绍性信息被梯次地予以组合，构成较强阅读层次和美感。

第二组产品则以突显品牌为出发点。外包装品牌LOGO处于第一视觉层次，同时与广告语（品牌理念）构成一个整体；产品功能诉求与品类、容量则处于第二、第三阅读层次；所有内容又构成相对整体置于包装左上，形成了品牌突出、信息明确、阅读清爽的包装特性。内包装则只呈现品牌LOGO组合，简约、现代、高品质感得以彰显。

▲ 护肤品包装 Matthew Schneider

↑ 包装由品名、品类和品牌LOGO构成，精致的无衬线体，考究的间距，文字体量与距离的准确把握构成极富品质感的产品形象。文字产生的点、线感更多是视觉暂存的表现，是虚的点、线，一道斜的短线运用得极为巧妙，既联系了品类与品牌LOGO，又产生了虚实的阅读妙趣。

▲ 产品包装与推广 阿诺德·蒙谢尔

▲ 农夫山泉玻璃瓶高端矿泉水系列包装

▲ 好丽友·派包装

在产品同质化与包装雷同化严重的今天，农夫山泉自2011年加大了新产品研发和包装设计的投入力度，先后推出了“东方树叶”茶饮料、玻璃瓶高端水、婴幼儿饮用水、学生矿泉水、茶π饮料等。每一款新产品不仅有清晰的定位，都具备耳目一新、独具个性的包装形象。这些产品包装中，玻璃瓶高端水尤为突出：冷峻的瓶型、鲜明的品牌、生动的插图、雅致的文字、疏朗的版式构成，完全展现了农夫山泉高端水的品质与文化内涵。

对于快消品包装及宣传，品名或宣传语则一定占据较大体量或空间，形成强烈的视觉冲击力。好丽友·派产品包装是较为经典的案例：醒目的品名借助鲜艳的色彩具有强烈的穿透力，置于同类产品中非常抢眼；产品形象、数量、口味等相关信息有序排列。

版式中，信息大体量有助于高效传达。但是，体量的大小有时需要依据产品属性灵活对待。高档化妆品包装及宣传为展现产品精细质感，品名并不强烈，但一定占据较大空间，并与其他信息形成较大幅度对比。

▲ 兰芝系列包装

总结归纳

信息的准确传达！通过本单元学习希望同学们树立版式设计这一基本观念。围绕根本目标，由此明确版式设计的基本原则：醒目性、秩序性、阅读性，这也是信息得以准确传达的有效设计方法。通过对视觉选择性、阅读流向、文字识别度、间距、行距、视阈、横直排等相关视觉特征和影响因素的学习，希望同学们不仅掌握编排方法，还应了解视觉规律及视觉习惯。

第二单元

顺畅阅读的营造

课程目标

本单元通过对文字性格、视觉流向等原理的学习，培养学生营造版式信息顺畅、自然、生动的呈现状态的能力。

基本知识

本单元主要解决视觉流向的问题，良好的视觉流向是顺畅阅读的基础，其基本原理包括文字性格、文字导向性、文字表现力、文字节奏性，以及元素的视觉量感。视觉流向的营造手法包括文字模块化处理、空间比例运用和图片的合理使用。

课题训练

通过案例的实际引导，让学生在对比中掌握文字性格、空间比例与视觉流向等基本原理和具体的设计方法，确立正确的设计意识，进而提高审美能力与判断能力。

知识阐述

第一单元主要学习了满足版式设计功能诉求的基本原则和设计方法。本单元的目的是学习版式功能与艺术诉求并重的呈现因素、规律和具体方法。

良好的版式设计，既能产生较强的视觉吸引力，又能让消费者或观众顺畅地阅读，自然地激发观众阅读兴趣，从而达到良好的信息沟通效果。无论平面广告、产品包装、数字媒体、电视推广……顺畅的阅读不仅能达到良好的信息传达效果，更能唤起观众愉悦的心情，产生对产品、企业良好的形象认同与信任感。通常，生活中的应用项目均以此目标的达成作为基本要求。

顺畅阅读是指版式有醒目、明晰的核心视觉点，以此点能够形成条理清晰、自然顺畅的阅读流向，同时考虑塑造一定变化的视觉节奏。顺畅阅读是在信息功能诉求基础上更高一层的追求，涉及因素包括文字视觉形态、主次秩序的强化、阅读流向的明确、空间分割及图片运用等。以下将逐一论述、探究。

▲ 标致汽车宣传页

▲ 标致汽车宣传页阅读流向及层次分析

此页的核心诉求为展现产品和“享乐心娱乐”概念解释与推广。

页面的第一视点当然是产品形象，大体量、大空间、图片的直观性都令其成为视觉的焦点。但视觉经过短暂的停留即会游向“享乐心娱乐”：①产品的方向感指向广告语；②文字具有更强的阅读性；③ 广告语在文字中处于最大体量；④其处于视觉习惯的起始点。

广告语下面为解释性内容，包括了总体概述和六个要点，以及示意图片。所以，以广告语为阅读起点，依次呈现了概念阐释→示意图片→要点标题→具体解释四个层次，形成了主题突出、条理清晰、图文结合、具有一定节奏的阅读过程。同时，左侧所有信息的阅读方向都指向了右侧的产品，形成了“产品→广告语→具体解释→产品”这一主线明晰的环状视觉阅读流向。

顺畅阅读的最大特征是元素间联系紧密，不会出现孤立元素或视觉干扰；阅读流向清晰，方向性强；具有一定节奏和层次，顺畅阅读绝不是单一节奏的阅读。把握这些特征就能设计出优秀的版式作品。

2.1 文字意识

文字是信息视觉传达的主要元素，也是版式设计所需要考虑的重要元素。版式设计中除了考虑文字所表达的具体信息语义，还必须重视文字形体、文字大小、文字间距、文字视觉强度及文字排列节奏这些与视觉有关的因素，我们统称之为文字意识。

2.1.1 文字性格

由笔画样式、形体结构所构成的字体、字形具有各自特有的外显面貌，受观众常性认知的作用，这种面貌又呈现出某些性格特征，我们称之为文字性格。比如传统宋体：横细竖粗的笔画、严谨的结体，尤其是圆润的装饰角，构成文字优雅、富贵、饱满、端庄的视觉性格。因为具有这样的性格特征，使用时便需依据相应诉求内容合理运用，如表现高端地产项目或雅致的音乐活动，其标题等内容适宜采用这一字体。相反，如果表现对象是高科技产品、精密仪器，传统宋体则不匹配，而笔画精细、形体紧凑舒朗的中等线体或细等线体便非常契合。

通常笔画式样差异较大的两款字体性格区分较为明显。属于一个体系的两款字体看似相近，性格差异有时也非常鲜明，只要细细品味，哪怕一个细节的区别，便能造成文字性格的巨大差异。所以，优秀的设计师总喜欢独立设计字体，以达到文字性格与内容诉求的完美结合。也正是由于计算机技术的推动，每一位设计师都可以根据需要进行字体的设计，这大大促进了版式的丰富性，增强了版式的表现力。

粗壮、紧凑 、坚实、厚重 字 超粗黑体

粗壮、紧凑 、坚实、厚重 字 超粗黑体

浑厚、古朴、雅致、富贵 字 粗宋体

粗壮、醒目 、清晰、坚实 字 大黑体

雅致、优美、疏朗、富贵 字 大标宋体

清晰、疏朗、简洁、别致 字 中等线体

纤细、优雅、别致、疏朗 字 仿宋体

纤细、精致、简洁、优美 字 细黑体

↑ 宋、黑是汉字印刷中两大体系，在传统宋、黑基础上演化出更多性格相近又特色迥异的字体。这些各具特色的字体不仅传达相应信息，还能赋予信息不同的视觉性格，使用时应仔细品味。

文 字 的 性 格 古隶体

文 字 的 性 格 魏碑体

文 字 的 性 格 黄草体

文 字 的 性 格 硬笔行书体

文 字 的 性 格 娃娃篆体

文 字 的 性 格 剪纸体

→ 现代汉字字库基于传统书法、手写体以及民间艺术形式开发了大量诸如：篆、隶、行、草、剪纸等书法和广告体。书法体因有着笔墨筋骨的诸多变化，蕴含着原有书体的性格特征，有着较强的表现力。但书法体因"各字为政"，往往单个字的表现力很强，但组字的整体感较弱，难以形成较整齐的文字块，故多作为广告语或精练标题使用，较少作为解释性内容使用。

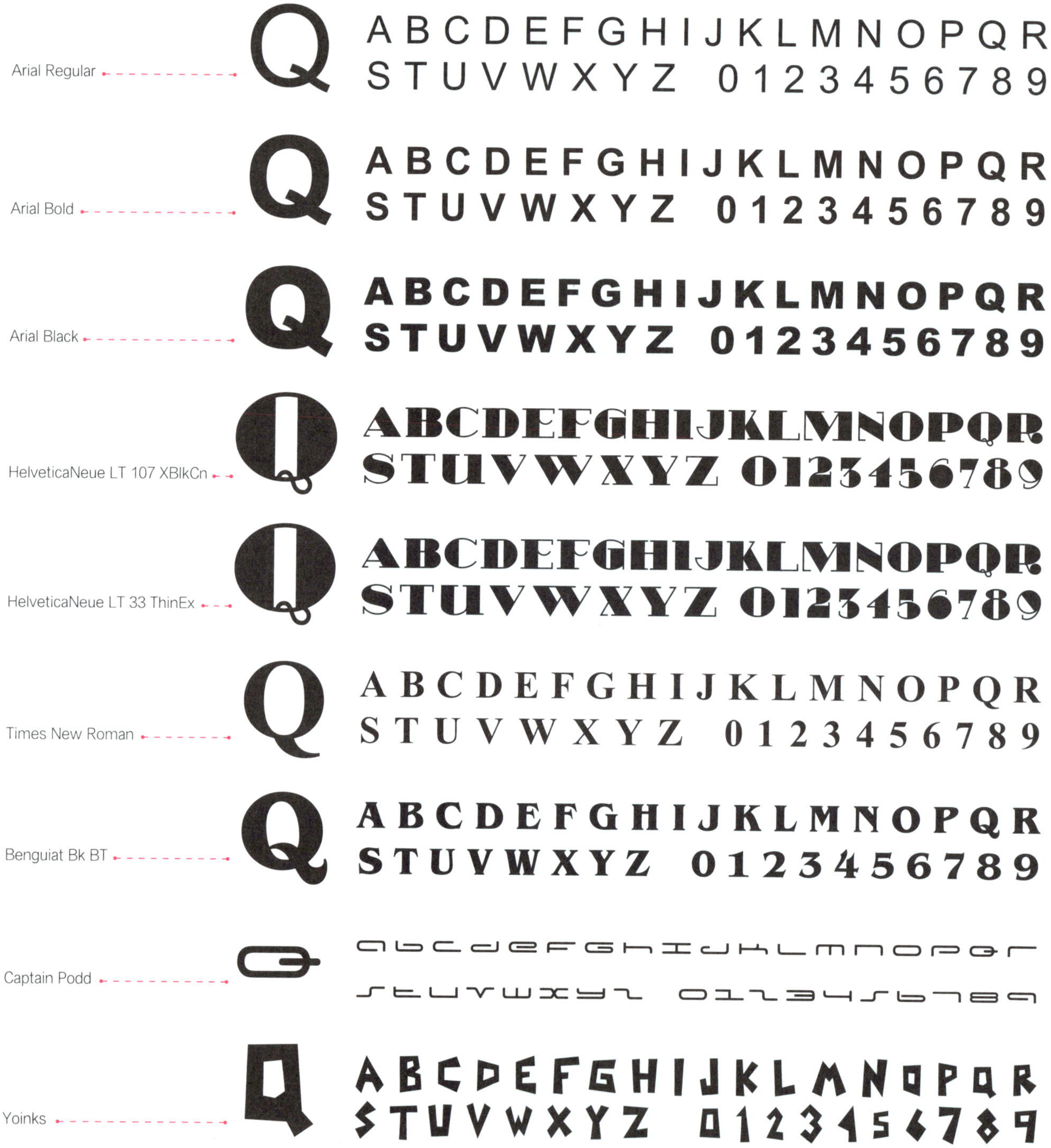

▲ 标志及细节分析 Haydn Deane+Anne Mason

◀ 标志 Phoebe Glasfurd

拉丁文字只有26个字母构成，只需设计大小写52个字母，另加10个阿拉伯数字即可创造一款新的字体。而线性的统一特征又使很多字母较为相近，进一步减少了字体设计的难度，再加上西方字体意识较早形成，造就了拉丁文字字体种类繁多，形态各异。

上图列举了Arial、Helvetica、Times几款经典的拉丁文字体，包括其变体。这几款字体较为常用，且性格独特，适于很多情景使用。上图最后三款字体风格各异，可细细品味其性格差异。左侧两个标志案例中，字体相近，但只因高宽比例的差异，线段始末的不同，以及结构的变化构成了两种性格差异很大的视觉形象。

《新平面》为南京艺术学院编辑出版的一本平面设计类专业杂志，定位为平面设计最新动态与趋势眺望的资讯平台，具有比较强的现代感和国际性。简洁、现代、独立的汉字刊名结合与之性格匹配的英文刊名给人带来新颖、有个性的视觉气息，很好地体现了杂志的性格特征与品位。

不同体形的拉丁文字不仅是为了信息的区别，也形成性格的强效对比，使阅读变得有趣味。

▲《新平面》杂志

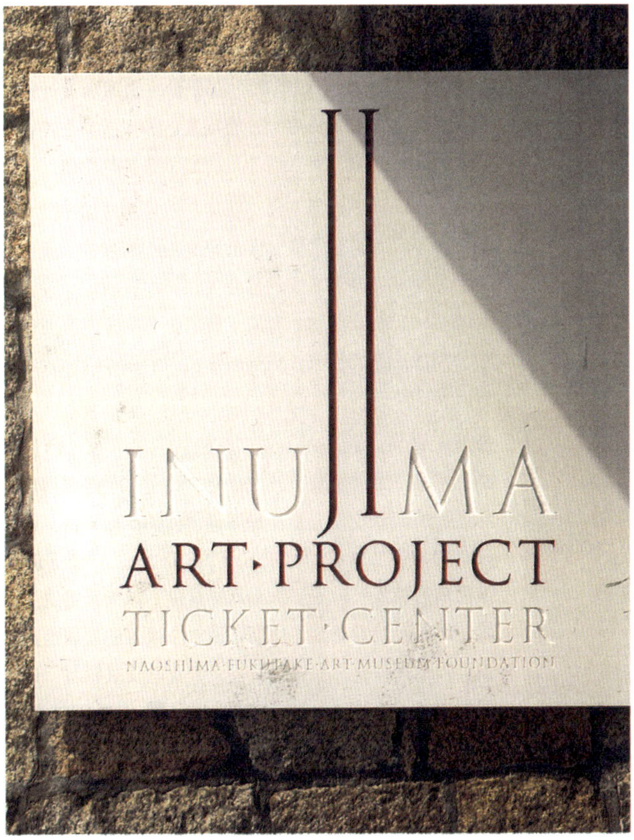

古罗马体最早是镌刻在石砌的罗马建筑上的传统字体，其优美的装饰线型似庄严、典雅的罗马柱，字体也便具有了高雅、尊贵的性格身份，堪称绝美的古典字体。

设计师在古罗马体的基础上对文字细部做了精致化处理，相较原字体在保持经典、雅致的风格基础上更显秀丽和现代。更为特殊的是突显了其中的“JI”两个字母，从而形成独特的空间结构，令标识本身具有了极强的编排构成节律，标志牌则自然成为秩序井然、主次分明、虚实对比强烈的优秀视觉组合。

▲ 大岛艺术项目　小矶裕司

2.1.2 文字的导向性

我们读一读下面的文字：

读　营　的　畅　造　阅　顺

营　造　的　阅　读　顺　畅

显然，第二行较之第一行要好读一些，但依然不够顺畅！文字具有常规的组合关系，如词汇、成语及主、谓、宾语法。依据这些习惯，散乱的文字组成了有语义的句子、段落、文章。而常规的顺序与习惯组合如被打破，会造成阅读的困难与不爽，阅读流向则变得停顿或不知所措。

自上而下、自左而右的横排与合理的分栏形成世界范围的阅读习惯，沿着文字内容呈现的路线，则会形成自然的阅读流向。由此可以看出，文字内容具有方向的引导性。文字的方向引导性在横排、直排中很是直观。这一特征在内容分组构成中起着重要作用，因分组必然造成内容相对“断裂”，但是如保持内容的连续性，则依然能够构成顺畅的阅读，反之则不然。

文字的导向性还表现在文字行方向的变化。汉字除了横排之外，还有传统的直排样式，这样形成了自左而右水平和自上而下垂直的两种方向行。拉丁文字基本为横排，但在需要时，会将水平编排的文字旋转90°，构成纵向效果（一般情况拉丁文不做字母的直排）。现实应用中，文字行并非只有横、直方向，对文字行不同角度的旋转处理会营造更为动态的阅读流向。很好地利用文字行的方向变化，可以制造顺畅的阅读路线。

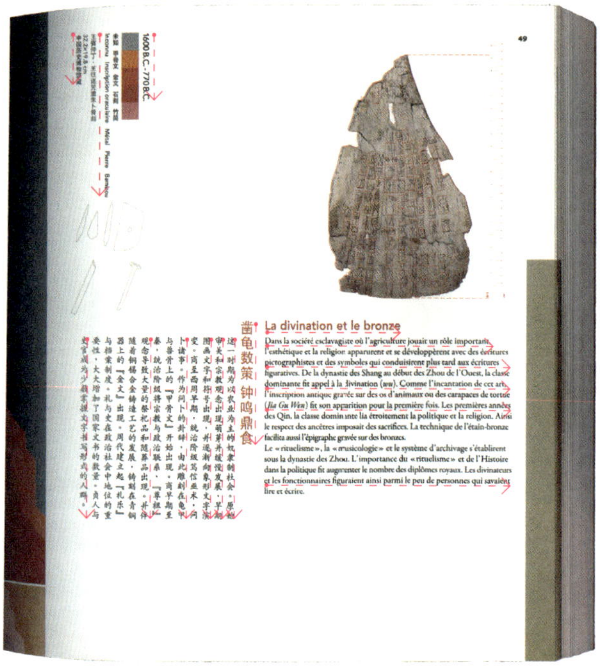

▲ 汉字古籍版面与西方拉丁版面的比较研究　袁由敏

袁由敏先生带领团队对汉字古籍与西方版面的发展史及风格特征进行了深入研究，让我们真正认识到版面之于审美、文化、生活的重要性。同时为我们揭示了汉字、拉丁文字直排、横排的缘由及风格特征。在此案例中，不管直排、横排，文字内容展现的方向性非常鲜明，借由方向的统一与变化形成阅读的顺畅与节奏。文字导向是构成视觉流向的基本因素。

文字群组有利于增强文字的醒目性，而群组文字的导向性表现在两个方面，一是群组的体块间视觉流向，二是文字群组形状的方向性。文字群组的过程也是内容主次、层次合理呈现的过程，所以群组内部依据主次会产生体块大小的区别，亦便形成由大到小的阅读顺序。而各群组间也必形成强弱次序，强弱的变化同样构成阅读的次序。文字群形状则是由密集文字组成一定形状的文字群，文字群不仅具有阅读性，亦有形状的吸引力，很多作品依此创意。文字组形状的方向性能够产生更强的视觉引导。

▲《生活》封面　拉吉斯拉夫·苏特纳尔

▲ 海报设计　张爱民

▲《国际设计师一百单八将》版权页　何见平

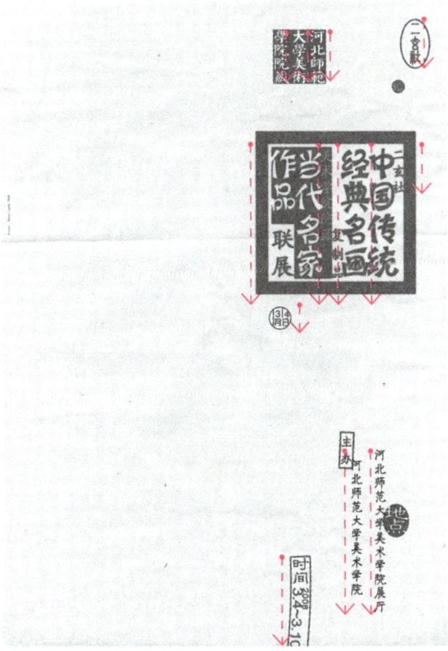

→ 海报创意来源于古字画收藏留下的历史印迹。展览的主题即是传统经典名画复制品的展示，所以各信息点被设计成收藏印章的形式，内容编排全部采用直排方式，既符合传统文化特征，又形成了统一的视觉导向，使阅读自上而下顺畅自然、一贯而至。

↖《生活》封面为1931年的作品，具有明显的包豪斯学院风格：简洁的元素、构成的手法、单纯的字体。封面以蒙太奇手法将人物、线绳、座椅组织在一起，并作倾斜处理以增强其视觉动感。文字编排则与其他元素构成方向一致，进一步增强了画面整体动态，形成了统一的阅读流向。

← 此为书籍版权页，全部以文字构成。因图片较小，文字内容未必看得清楚，但文字依中轴排列而成的“梭鱼”形状清晰可辨。尽管每行文字都为横排，但文字整体形状形成的高纵感将视觉重心引向了文字上半部。同时，各部分内容因文字多少不同形成了大小不一的三角形，在整体内部也形成了一定视觉引导性。

2.1.3 文字的表现力

所谓表现力，主要是指文字的视觉强度与新颖性。

版式设计的根本目标在于信息的准确传达。为达成这一目标，增强文字表现力暨提高文字的视觉强度和新颖性是重要途径。文字表现力由文字大小、字体、色彩对比、形态等因素制约。影响文字视觉强度的第一因素是文字大小的变化，在相同的二维空间，大体量的文字必然产生更强的视觉强度。所以，通过调整文字大小，可以赋予文字不同的视觉强度，并可营造不同的视觉节奏（详见2.2.2视觉量感）。

无论汉字还是拉丁文字，在其各自的发展历程中，都演变出了很多字形字体，每款字体都形成了其特有的性格。尤其是拉丁文字，受近现代商业广告推动，产生了数以千计的字体。汉字字体相对较少，但这些年因计算机技术应用的推动和高校艺术设计教育及设计师文字意识的增强，汉字字体的发展速度惊人，尤以方正字库表现突出。原有电脑字库的开发多以黑体、宋体等传统印刷字体和历史遗存碑刻体为基础演变，字体较多常见，缺少现代气息。近年，方正、汉仪、造字工房等专注于汉字新字体字形的公司，致力于汉字字形的研究、设计与应用，推出了大量新颖、独特的新型字体，极大地激发了人们对字体字形的关注热情和阅读热情。

更为可贵的是，在计算机技术的帮助下，设计师独立设计文字形体成为趋势。设计师依据信息与创意需要，可以自主、能动地对标题文字体形、文字组合进行改变与实验，以探寻文字及编排的更强表现力。现代应用中，独立字体的设计越来越多，即是通过提高文字表现力增强项目信息准确传达的突出表现。

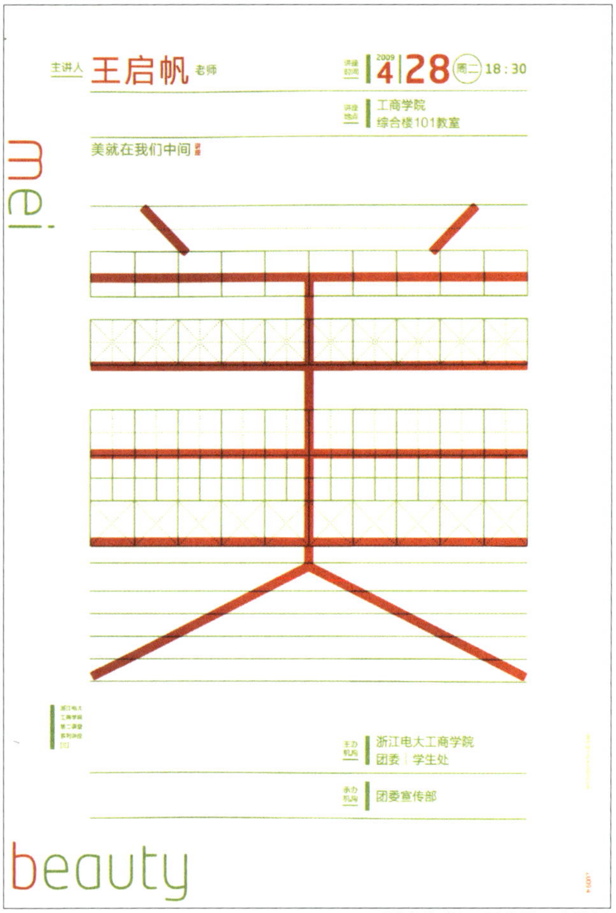

▲ 讲座海报　罗青伟+叶笑笑

▲ TDC年鉴封面

↗ 大大的一个“美”字占据了画面近3/5的空间，以足够大的体量吸引过往观众的眼球，并直观、明确地传递出讲座的主题。版式设计中，大体量的内容往往具有更强的表现力，也便更能吸引人的注意力，此海报即是很好的例证。不仅如此，作者还对主题字体作了能动处理，使其变得秀美、俊俏，更好地表达了“生活之美”——这一主题特征。

→ TDC年鉴是东京字体指导俱乐部推出的国际版平面设计作品集。东京字体指导俱乐部成立于1987年，主旨是推行字母或文字视觉表达的可能性。作品集为基于字母或文字表现的所有视觉推广媒介。为彰显俱乐部及作品集的专业特性，本期封面运用“T D C”三个字母为基本单位组合出所有信息内容，打破了拉丁字母统一高度的基本结构。字母高低错落、组合自由，构成生动的视觉表现力，大大增强了封面的专业属性和感染力。

→ 借助计算机辅助设计系统的帮助，我们可以很便利地对文字笔画、结构进行改造。此海报即是运用矢量软件对文字进行了简单的分解重组，使笔画、部首似零散的文章素材有待梳理、整合，不仅很好地揭示了讲座主题，还大大增强了文字的表现力，极具视觉吸引力。同时，作者利用点笔画营造了更为明确的阅读流向。

↓ 此案例为溜冰场形象与推广应用设计。设计师首先对形象LOGO及应用字体等基础内容做了详细规划，并将应用字体作为形象塑造的重要因素对待。正是因为应用字体鲜明的性格特征与表现力，通过大量应用项目推广确立了公司独具个性和品质化的形象认知。

▲ 讲座海报　张爱民

▲ 溜冰场项目　约翰逊·班克斯

中国书法艺术经历三千年的发展，已经幻化为东方文化的符号。线条的抑扬顿挫，笔法的轻重缓急赋予了汉字极高的艺术性和表现力。现代设计师往往借助书法形式，利用笔墨疾缓飞白，更多凭借书写的情绪渗透塑造出激发观众阅读热情的文字作品。书法形式的运用并非简单地摘用书法艺术作品中的文字，而应领会其中艺术精神，进行独立的书写实验，这样才能创造出符合信息诉求特征，并具感染力的作品。更可将印刷及现代几何字形与书法笔法的字形融合表现，会产生极强对比和视觉反差，更会大大提高文字表现力。

文字形态是指包括字形、结构在内的文字存在状态，除去两个熟知因素，更多是指文字材料、肌理、三维以及突破常规形式的存在状态。通常情况下，文字以二维、书写、印刷等方式存在，我们多是在大小、字体、结构、色彩等方面进行创意表现。但生活中的文字存在状态远不止于此：金属的、石质的、破损的、固体的、光束的，甚至液态的，比比皆是。因为突破了常规的二维状态，因为附加了材料、质感、肌理、空间等特征，文字的视觉样态变得丰富、立体、新颖，大大增强了文字的表现力，增强了观众的阅读兴趣和信息的传播力度。

▲ 书法笔法的字形设计

▲《艺众》封面与标志　蒋志龙

书法笔法的字形一笔一画都饱含着书写者的激扬情绪和艺术修养，往往具有非常强的表现力和感染力。书法体的应用主要有两种方式：一是自传统名家书体中摘用，这种方式相对比较被动；另一种是依据主题请当代名家书写或自己实验书写，因具有针对性，书体与内容更为契合、生动，所以颇受现代设计师垂青。

现代应用中，设计师经常将书法笔法与标准印刷体或几何笔画融合表现，大大增强了由对比产生的强效视觉冲击力。《艺众》封面即是此法的很好体现。

▲ 第十九届澳门青年音乐比赛　马伟达+梁子恒+黄惠明

▲ 书法体在包装中的运用

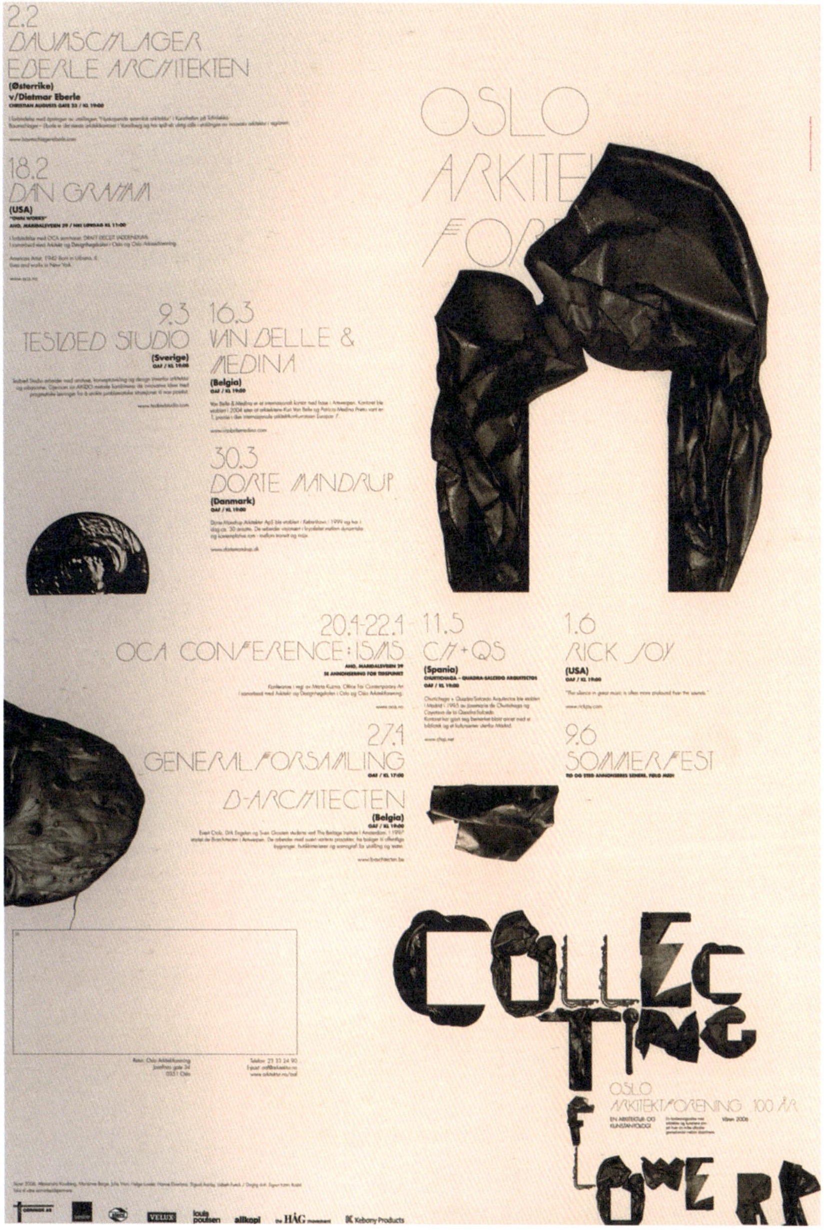

▲ 系列海报 Grandpeople

↑ 文字二维状态一旦被打破，并被赋予三维的、材料质感的形态，便具有了更强的表现力和视觉吸引力。此方案中，主题文字借助图片外形或能动加工，被赋予了生动的质感和外形，构成无法拒绝的阅读吸引力。

← 此案例将主题文字演化为由卡纸构成的立体书的形态，既很好地揭示了海报主题，又产生了三维空间的视觉效果，大大增强了海报的吸引力和观众的阅读兴趣。

→ 文字形态创意多指对文字二维常规状态的突破，追求多维、多材料的文字存在状态。本案就是探索文字液态存在的实验作品，全新的状态赋予文字极强表现力。如适当把握文字的可读性，即可成为一件优秀的应用作品。

▲ 图书海报 FONTARTE工作室

▲ 文字形态 李英敏

2.1.4 文字的节奏性

有意识地把握与变化文字间距、行距能够给人产生节奏感。前面已经讲到了文字间距、行距默认值及调节间距、行距的方法，但更重要的是如何利用间距、行距的变化营造文字的节奏感。

单个汉字及拉丁字母在较小体量时总能给人以点的感觉，而连续的汉字与拉丁文字便能构成线感，进而可形成文字块的视觉特征。正是基于文字这一视觉特性，通过文字间距的调整及规律性把握，便可形成急缓、舒张的视觉节奏，如能融入行距的规律变化，文字的节奏性会变得丰富、跌宕。这一规律的运用，可塑造信息呈现的递次与快慢，让阅读成为享受。

中　国　汉　字　历　史　悠　久

文字点状感 ------ L A Y O U T　D E S I G N

从仓氏造字至甲骨文、篆、隶、楷、行、草、宋、黑，历经千年创造与锤炼。

文字线状感 ------ LAYOUT DESIGN=FUNCTION+ART=TYPOGRAPHY+PHOTO

单个汉字及拉丁字母在较小体量时总能给人以点的感觉，而连续的汉字与拉丁文字便能构成线感，进而可形成文字块的视觉特征。正是基于文字这一视觉特性，通过文字间距的调整及规律性把握，便可形成急缓、舒张的视觉节奏，如能融入行距的规律变化，文字的节奏性会变得丰富、跌宕。这一规律的运用，可塑造信息呈现的递次与快慢，让阅读成为享受。

文字面状感 ------

单　个　汉　字　及　拉　丁　字母　在　较　小

体　量　时　总 能给人以点的感觉，　而　连　续　的　汉 字与拉丁文字便

能构成线感，进而可形成　文　字　块 的视觉特征。正是基于文字这一视觉特

性，通过文字间距的 调 整及规律性把握，便可形成急缓、舒张的视觉节奏，如

能融入行距的规律变化，文字的节奏性会变得丰富、跌宕。这一规律的运用，可

塑造信息呈现的递次与快慢，让阅读成为享受。

文字节奏感 ------

↘ 瑞士国际主义风格对于现代平面设计在国际范围内产生了深远的影响，简约、理性，而又探求突破常规，追求内在节奏与韵律是其突出特征。此海报文字及图片的组织构成很好地体现了这一风格追求，简约、纯粹，却给我们产生美的视觉及阅读节奏享受。

↓ 此海报是汉字主题研究创作作品，重在揭示汉字点、线、面的视觉、结构特征。相对独立视为点，连接成行视为线，结构放大则为面的分割。这即是汉字的视觉与结构特征，文字点、线、面的视觉意识对版式设计非常重要。

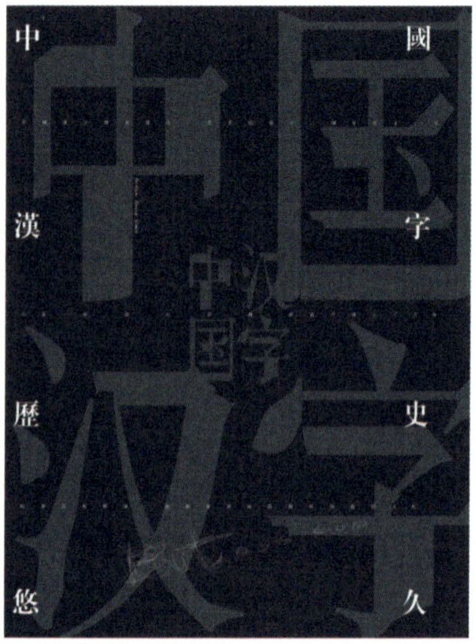

▲ 主题海报　张爱民

▲ 展览海报及文字节奏分析　Werner Jeker

2.2 主次分明

选择性是人类视觉的重要特征。面对纷杂的世界，我们总是注意到那些鲜明的、强烈的、独特的信息体。对于一个信息体，我们也总是注意到其突显的内容，而后依次进行阅读，这是版式及广告设计的基本规律。如果我们面对的信息体不能让我们很轻松地发现主题、重要信息点，不能判断谁主谁次，我们会变得茫然，很快对信息体失去兴趣！这就要求设计师，不仅编排出“漂亮”的版面，更重要的是为观众呈现主次分明、梯次清晰的信息内容。信息的模块化处理是一种有效方法。

▲ NOW3+NOW4版式分析

▲ NOW3+NOW4 推广　王朝

2.2.1 信息模块化

信息的模块化处理是指信息内容整体组合，以整体方式呈现的过程。在设计中，往往有非常多的内容需要我们编排，如何能够有条理地呈现，如何让观众较顺畅地查阅到需要的内容，还能保证作品较强的视觉吸引力和优美的阅读节奏？对内容进行分级梳理，建立信息呈现层次，明确哪些是视觉突显的内容，哪些是需要深入阅读的内容，哪些是从属、补充的内容。根据层次划分，对同一层次内容则需在字体、字号、体量、位置、方向、色彩上统一模块化规划，以使其形成一致的视觉形态 ，以整体的面貌呈现。这样不仅能够找到信息所属的视觉层次，还能形成整体形象，以提高这一级别信息的视觉吸引力。

信息模块化的处理，可以建立有效的信息层次，亦能产生各层较强的吸引力。同时，有利于规划信息呈现节奏，以致达到享受阅读的高度。

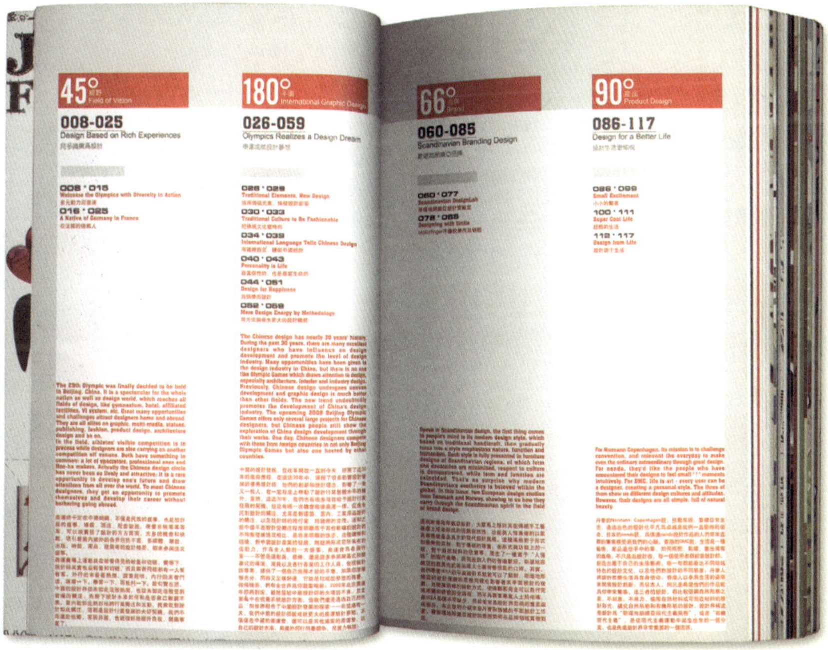

▲《设计360°》杂志目录页

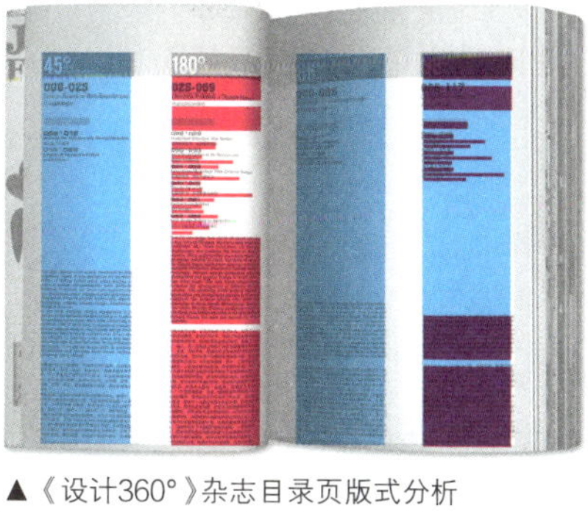

▲《设计360°》杂志目录页版式分析

通过对信息分类可以依据各部分的层次关系确定各自的大小、位置，并将各部分进行模块化组合，以利于发挥其整体优势、强化视觉吸引力。各部分及模块内部依然可以依据阅读主次设计其字体、字号及色彩，这样构成整体中蕴含变化，让阅读既系统又富有节奏。

《设计360°》目录页即是采用了信息模块化的处理手段：栏目成为最抢眼的内容，以最大的体量和色块表现；栏目起止页码与重点文章为第二视点；具体文章与页码为第三视点；文章中英文摘要为第四视点。每一部分都有其整体性，又通过字体、字号的变化构成变化，形成有条理而富于变化的版式面貌。

2.2.2 视觉量感

视觉量感是信息元素整体在视觉上产生的重量感，这一重量感的产生来自于生活经验。如体积大的物体一般给人更重的心理认同，也往往更容易成为我们关注的重点，所以在版式设计中，核心内容往往被赋予较大体量，以吸引人的注意力。视觉量感除与体量大小有关，还与空间对比、色彩轻重有关。相同大小的元素，如其与所在空间比存在差异，也会造成不同量感。元素占有空间越大，即空间对比越强，其视觉量感越强，反之亦然。因为这样的原理，版式设计中要特别重视元素独立空间的划定或营造。

不同的色彩给人不同的视觉量感，而真正的量感差异是文字与背景对比度的问题，文字与背景对比越强，其分量感越强。色彩对比最强的是黑白配，无论白底黑字，还是黑底白字，都会产生非常强的视觉量感。具体设计中，并非所有的信息都追求强烈视效，有些内容需降低对比，以营造丰富层次。

人的视觉具有由重至轻的阅读习惯。认识视觉量感，目的在于更好地把握各信息内容的轻重，由此营造顺畅的阅读过程。

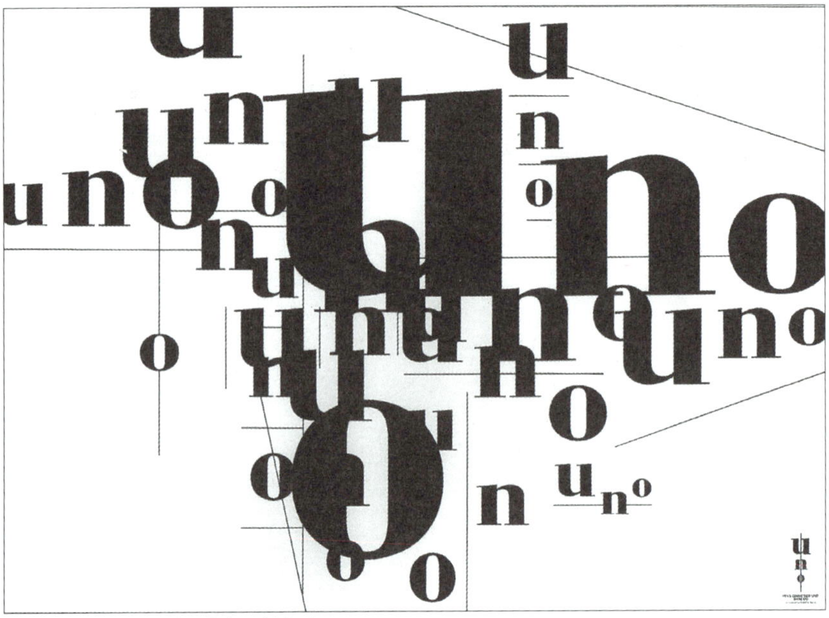

▲ 资生堂・男用化妆品推广　松永真

作品以品名为元素进行了解构重组，大体量的字母给人强烈的分量感，成为视觉中心。品名字母则以不同体量在空间中“自由”组合，因为视觉量感的不同，构成了丰富的视觉节奏和三维空间感。同时，设计师采用强效的黑白对比和较硬朗的字体，不仅视觉强烈、明确，还确立了产品的性格属性，符合产品特点。

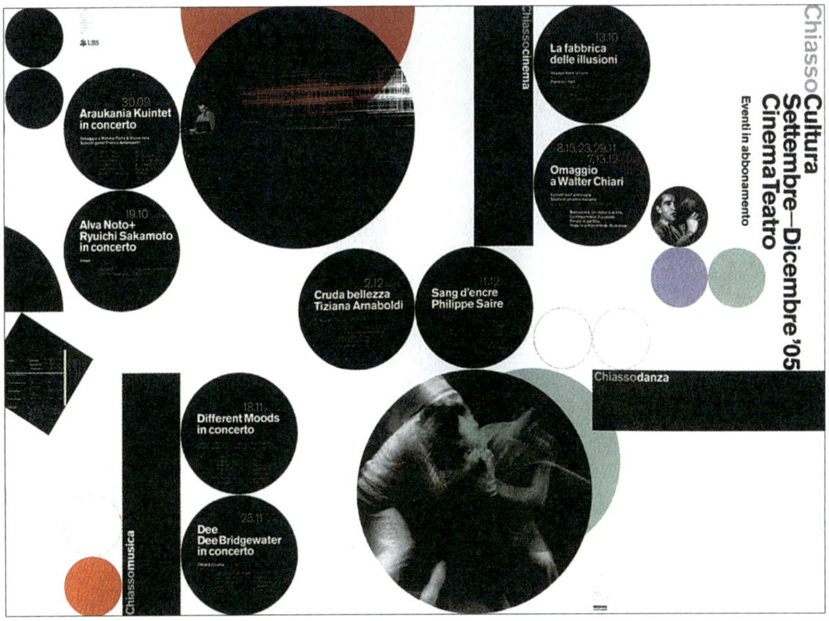

▲ 海报（局部）　Bruno Monguzzi

↑　整幅作品由大小不一的圆面和矩形组成了强烈的视觉点。正是因为图形的运用，整合了相对松散的文字信息，增强了各部分内容的视觉量感，不仅形成了富于节奏的版面构成，更令信息突显，使海报内容准确、强效地得以传达。

▲ 三星上网本推广广告

←　三星产品的推广页简约、明了。标题与产品型号采用反白手段，相较更为突出。而品牌LOGO与产品则与底色处于一个色系，降低了其视觉量感，成为第二、第三视觉点，也便在简约中增加了阅读层次与趣味。

2.3 视觉流向

视觉流向是阅读过程中视觉运动的轨迹，这是由眼睛的生理特征所决定的。在阅读或观察外界的时候，眼睛具有选择性和聚焦功能，这种特性使阅读总是从一聚焦点按一定的轨迹向另一聚焦点移动，从而形成了视觉流向。视觉流向决定我们阅读的过程，也是判断是否顺畅阅读、享受阅读的重要依据。

2.3.1 基本阅读规律

眼睛的聚焦特性，决定了阅读总是从“点”开始。一句话，阅读总是从第一个字或图开始，沿着内容走过一段视觉轨迹。我们经常提到的“一目十行”的阅读，是眼睛略去了熟悉词汇的聚焦过程，实际是视觉跳跃的结果。但这样的阅读依然会按照自上而下、自左而右的阅读习惯形成一定的阅读流向。

基本的阅读规律也即是基本的视觉习惯，在前文中做过简单介绍。这里需要强化的是这些基本习惯和规律对视觉流向的影响与作用。由左而右、由上而下、由大而小、由简而繁、由熟而生、由图而文等因素，无不形成视觉流向的变化。这种流向变化会形成阅读舒适度和阅读节奏的变化，从而大大影响信息传达的准确程度，影响阅读兴趣，通过案例我们可以获得更深入的认识。运用这些规律营造顺畅、舒适的阅读过程是较版式功能诉求更高的一个目标层次。

▲ 购物中心推广 Arnel Rodriguez
Louise Ruttley
Cristina Mackay Sim

↖ 自左而右的阅读习惯估计来自于文字的左右结构及右手执笔书写的长期养成。自上而下的阅读习惯养成则与人体生理结构与书写状态有关。自左而右、自上而下已经成为世界绝大多数人的视觉习惯，也是版式设计通常遵循的规律。

← 由图到文的阅读习惯则是视觉对图的直观、简洁属性的优先选择的体现，图较文字总是更生动、简洁，更能吸引视觉。由大到小是由视觉量感形成的阅读规律。

↓ “简”体现在内容的概括与形式的简洁，标题往往精练、概括，所以视觉总会从标题向详解内容流动；几何图形又更显简洁，视觉也便更多从图形移向其他内容。本案例中，切开的纸线因信息意向不明确，为画面中最生疏的元素，成为视觉的最后层次，但其丰富视觉层次与阅读节奏的作用不容忽视。

→ 阅读规律是人们长期生活形成的习惯，掌握这些规律的目标在于建立符合阅读习惯、富有一定节奏的阅读过程。本案例的视觉流向主线为图片→标题→副标题→详解信息→品牌→图片，这一主线即利用了自左而右等基本视觉规律，从而形成了清晰的阅读脉络。在这一主线当中还包含着细部的阅读过程和视觉分支，构成了更为丰富的阅读层次。

2.3.2 自然的视觉引导

理想的版式是让人自然、顺畅地轻松阅读，运用“无形”的引导，达到“润物无声”的信息传达境界。自然的视觉引导，就是利用基本的视觉习惯和阅读规律，塑造符合常规的、流畅的视觉阅读流向和节奏。单一元素较易形成焦点阅读，单一流向的阅读顺序也较为容易营造。当碰到诸多信息元素时，则需要考虑多种规律，编排变得复杂与困难，这也正是版式设计的乐趣所在。碰到这种情况，则需坚持内容的主次原则，依据内容层次综合运用各种方法。经常运用的手法有：文字内容引导法、体量大小引导法、图形引导法等。

▲ 音乐海报　尼古拉斯・卓斯乐

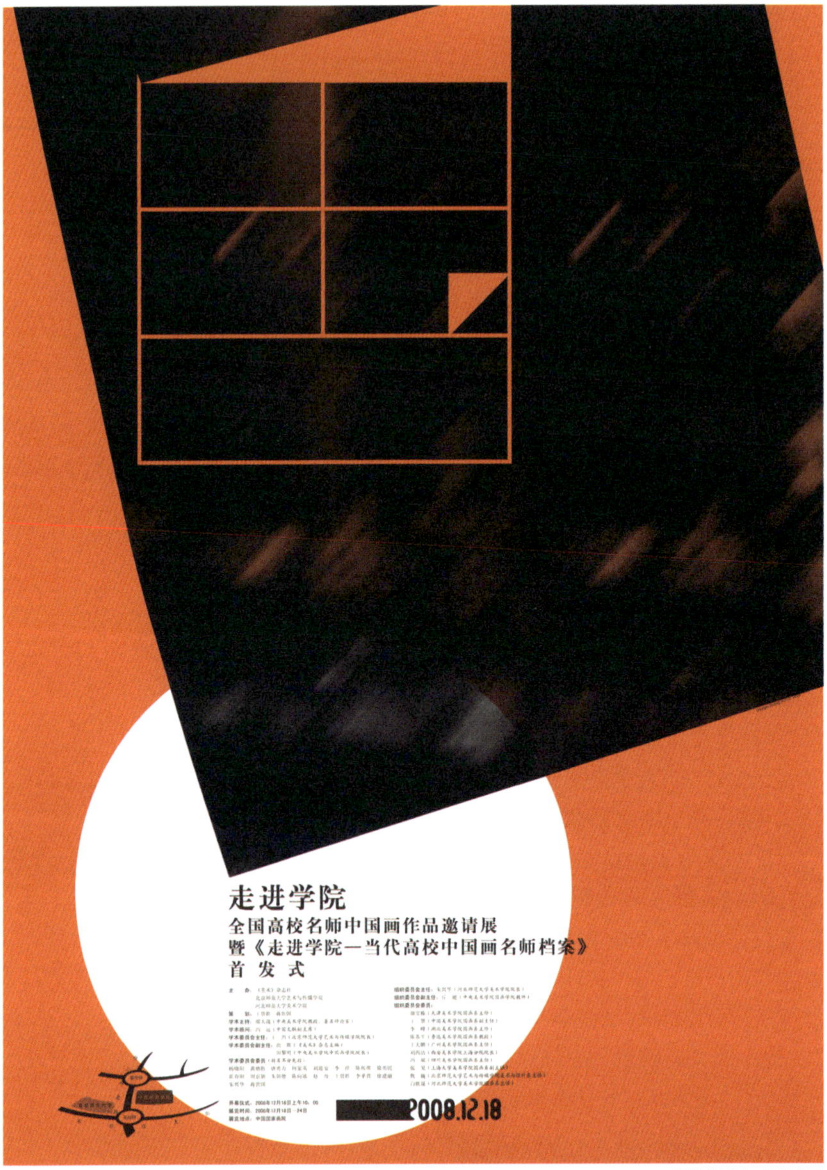

▲ 展览海报　张爱民

▲ 展览海报　So+ba

↖ 文字内容引导法就是利用文字语法组合顺序形成的方向性为引导手法。每一词、句都有其阅读顺序和方向，此案例即很好地利用了文字这一特征形成了清晰的阅读流向。

← 编排中为营造明确的阅读流向或突出重点，经常采用色块或抽象图形予以引导或概括。案例中为强调阅读重点和画面呼应需要，作者使用了具有明确方向性的“→”符号和隐性方向的“{”。借助这些符号，主题较为突出，并与其他符号形成了丰富的视觉节奏。

→ 海报主体为抽象的标志图形，占据了画面绝对空间，与文字内容形成强烈对比，也便呈现了图形与文字视觉量感的巨大反差。视觉首先被图形吸引，而后在视觉量感和图形方向的双重作用下，眼睛自然聚向主标题及相关信息，完成自然、顺畅的阅读过程。

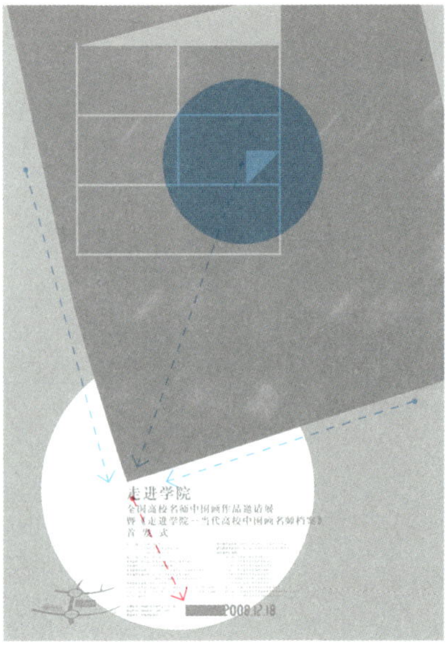

2.3.3 方向的调整

受平衡、重心的生理特征的制约，人类形成了水平、垂直维度的视觉习惯。通常情况下，水平和纵向的信息排列在视觉阅读中较为舒适、便利，这也是多数信息呈现的状态。但是，如果在一个画面中，所有元素都是水平、垂直方向的组合，版式形态则缺少变化，缺少视觉激情，势必影响阅读的兴趣。

为增强版式的表现力，增强版式视觉强度，可以适当改变文字及文字块的方向。单纯改变文字的方向，能在一定程度上提高文字表现力，如果行、段的方向不变，其视觉方向性变化不大。文字块方向的调整，突破了视觉常规习惯，会给人带来视觉动感，能够大大激发阅读的参与性。但方向的改变不能是无序、杂乱的调整，而应该依据内容，依据阅读流向的需要调整合理的角度，使文字块的方向不仅激发阅读兴趣，同时也应发挥视觉引导的重要作用。

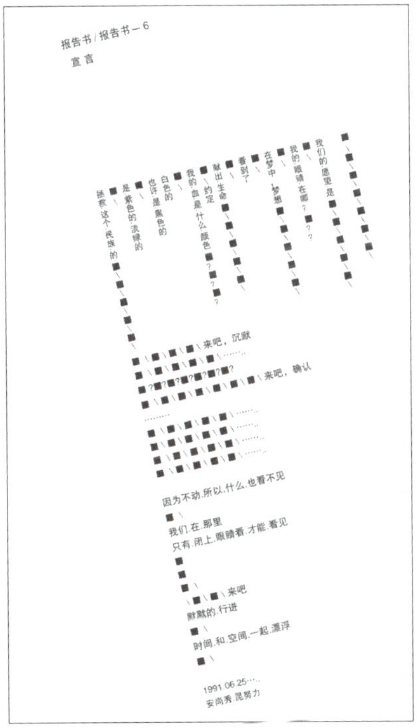

▲ 报告书（局部） 安尚秀

文字方向的调整方式有很多种，比较本页案例分析其差异。文字方向的调整能够带来视觉动感，但必须把握版式的整体性，做到统一中求变化。切勿各自为政、凌乱分散，否则无法形成视觉主体与清晰的阅读流向。

单纯改变文字的方向，能在一定程度上提高文字表现力，如果行、段的方向不变，其视觉方向性变化不大。

▲ 单字倾斜方式与设置

文字块方向的调整，突破了视觉常规习惯，会给人带来视觉动感，能够大大激发阅读的参与性。

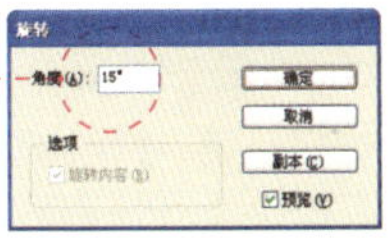

▲ 文字块倾斜方式与设置

▲ “沟通”主题展宣传册

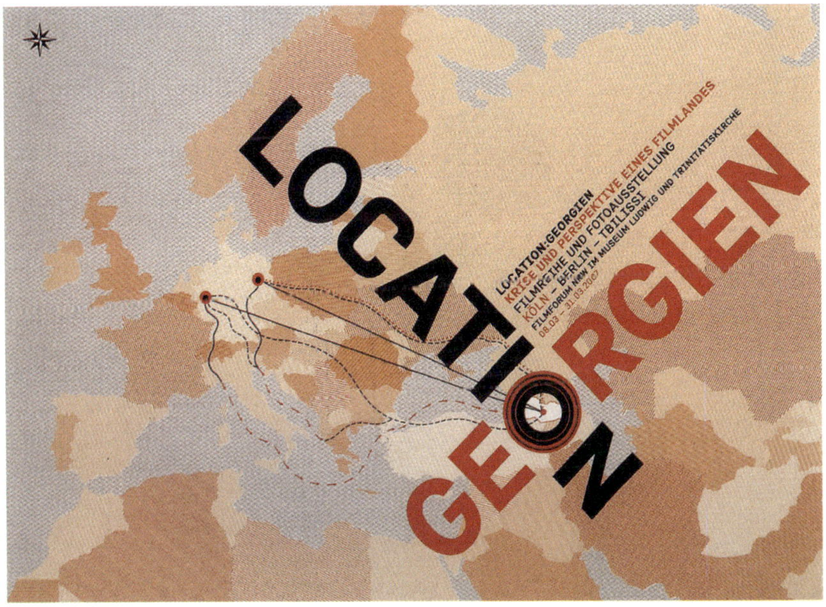

▲ 展览海报 Jan Middendorp

2.3.4 节奏的变化

良好的阅读需要节奏，内容的呈现也需要节奏。当我们看大段的文章时，很难一口气读下来，总是在一个段落后稍作休息。看大部头的纯文字书籍前，总需要先给自己打打气，确立起坚定的意志力。原因是什么？缺乏节奏的文字编排很难吸引人去阅读，很难快速地获得关键信息，更不要说信息的准确传达。广告宣传或现代阅读，需要主次内容有条理地呈现，既是为了突出核心主题，也是为了营造视觉节奏，形成眼睛有变化的、跳跃的、张弛有度的阅读，这样不易造成视觉疲劳。

节奏的变化一般通过信息体量的变化，文字间距的调整，字体异同的设置得以塑造，当然也包括色彩、图形、方向等因素的影响。节奏的变化包括版式整体的节奏，也包括体块的内部节奏。版式整体的节奏是通过版面中各文字体块及图形间的关系呈现的，而体块内部的节奏则是构成一定整体的元素间的变化形成的。优秀的版式是包括众多“细节”的“交响乐”。

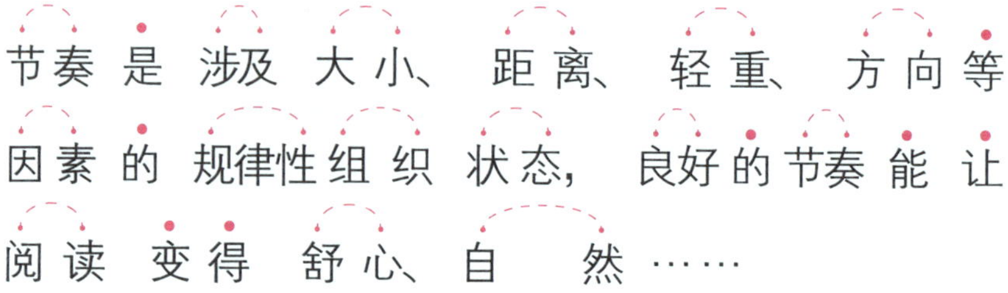

▲ 文字间距的变化构成视觉、阅读节奏

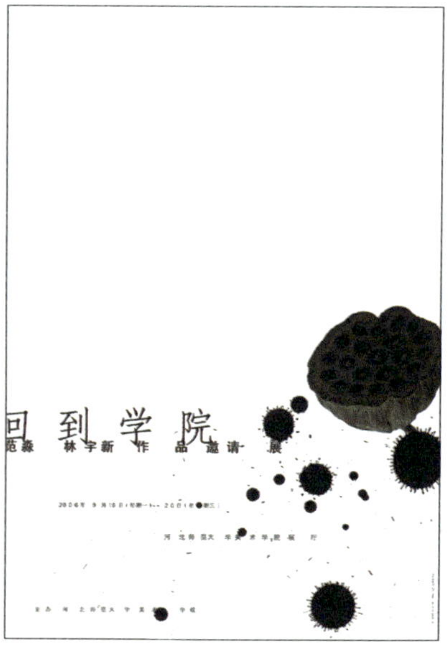

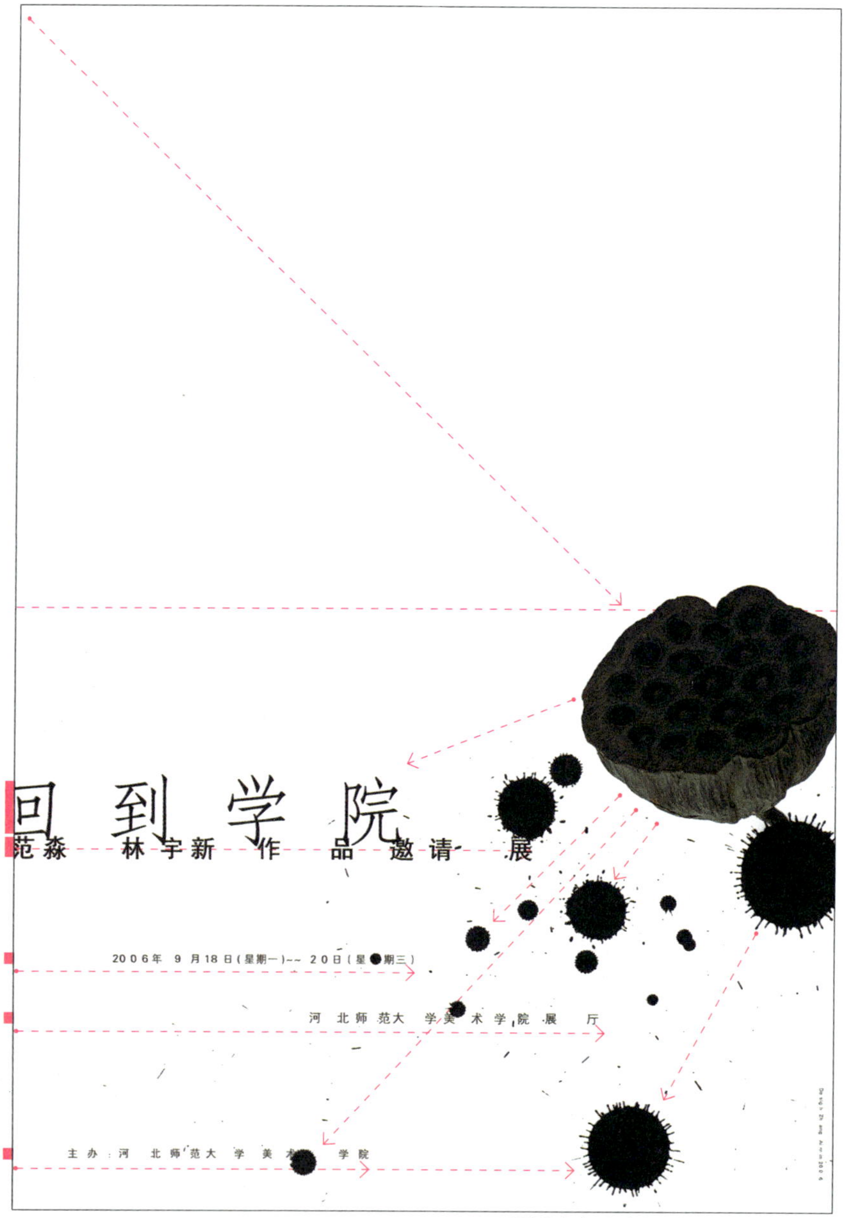

▲ 展览海报阅读流向及节奏分析 张爱民

本海报以呈现单纯而丰富、强烈而自然的视觉节奏为主要创意点。画面上部1/2为“虚”空间，亦便构成极为舒缓的视觉前奏；体阔、强效的莲蓬抢占了第一视点，而后形成了向标题、墨点呈现放射状的节奏构成，节奏由距离、大小、聚散的因素变化而成；文字自然为自左而右的阅读方向，与莲蓬、墨点形成的视觉流向碰撞、交叉，构成丰富的层次与节奏；文字部分的节奏则由间距与行距的“自由”排列形成。两种元素、两个方向融汇交叉，形成阅读的丰富性与趣味性。海报整体构成了由虚而实、由实而活、由活而强的视觉节奏，让阅读变得生动。

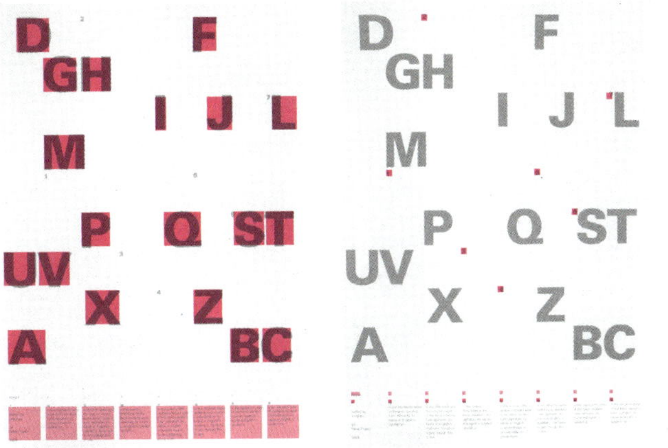

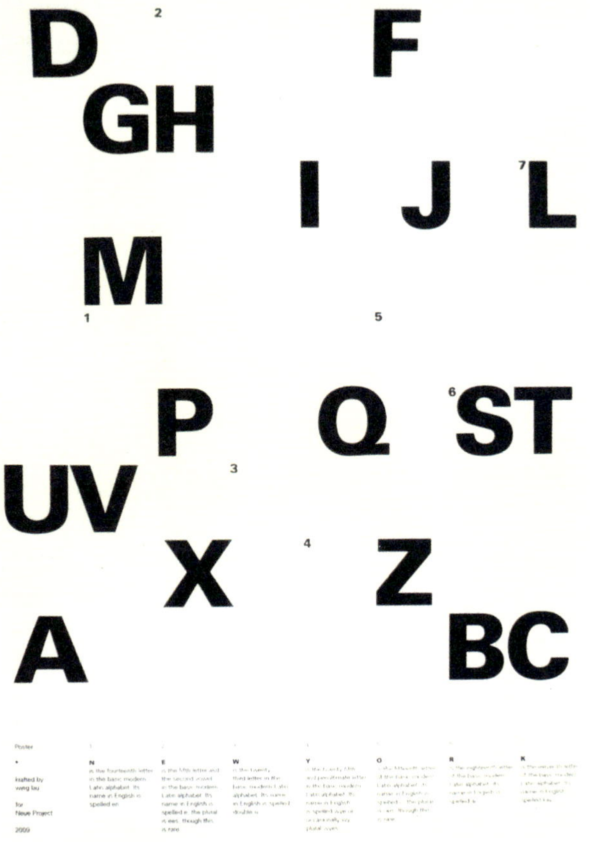

→ 相同的大小与字体，不同的间距与位置令字母成为跳动的“音符”，构成了一种活泼、动态的视觉节奏，这些字母的视觉价值超过了其语义价值。最下面的介绍性内容则构成了“灰度”的规律性色块，与点状字母形成节奏对比。而阿拉伯数字与主题“NEW YORK”更小体量的视觉点，构成第二层次的灵动节奏，与第一层次共同构建了丰富、精彩的节奏变化。

↓ “异生界”为新媒体艺术节推广海报，作者借助形态、大小及位置的变化构建了图形的强效节奏。文字部分突显了主题，其他内容构成规范的文字块，通过字体的变化形成局部的量感变化。总体形成了秩序而有动感、强效而有条理的视觉、阅读节奏。

▲ 纽约 Wing Lau

▲ 艺术节系列推广及节奏分析 毛灼然

2.4 比例的运用

在实际教学与创作中，我们经常碰到有同学问这样的问题：标题该用多大的字号，内文又该用多大字号，还有目录、注解……我们无法告诉大家一个普天不变的“精确数字”，但“比例”意识可以解决这一问题：多大的字号作标题，完全由标题与空间的比例决定！

2.4.1 元素与空间的比例

任何一本书的设计，首先需要确定其开本；任何一张海报的设计，首要做的依然是确定其尺寸。开本与尺寸是信息依存的“土地”！所以任何的版式设计都需要确立“空间”意识，开本与尺寸决定了信息依存“土地”的大小，所有的信息大小也必然依据这一“空间”确定。比例是所有视觉艺术必须考虑的因素，借助《蒙娜丽莎》，我们可以直观地认识到元素与空间的比例问题。

一个元素的大小设置是依存“空间”大小决定的，而非其绝对值。30pt的文字无法判断它是大是小，置于一张名片中则为超大；置于一张30米宽度的楼体广告中则为超小。一张有限的“空间”中，元素比例较小的状态被人视为点，比例超大时则视为面。所以，元素与空间的比例状态不同，其视觉感受有很大差异，对内容识别与节奏营造意义重大。参照右图，我们可以体会到元素不同比例给人带来的视觉差异。

版式设计中的元素与空间的比例，很少指单个文字元素与空间比，往往表现在文字整个体块与空间的比例。譬如标题块、内文块、辅助信息块等整体块与空间的比例，当确定某一信息块在空间中所占恰当比例后，文字大小也自然能够确定了。核心内容的比例确定后，则可以逐级落实其他内容的大小。

▲ 蒙娜丽莎及比例对比（右图为原作） 达·芬奇

↑ 达·芬奇的《蒙娜丽莎》大家都很熟悉，我们习惯了“微笑”的形象和含义。但大家可能并没有太多在意蒙娜丽莎形象与空间比例的问题。借助计算机，我们可以改变主体形象与背景空间的比例。通过比较，大家可以非常直观地判断原作比例所发挥的重要作用：主体突出，形象饱满，人物魅力十足。而左图较小的人物比例则无法具有原作的视觉张力，显得矮小、羸弱。

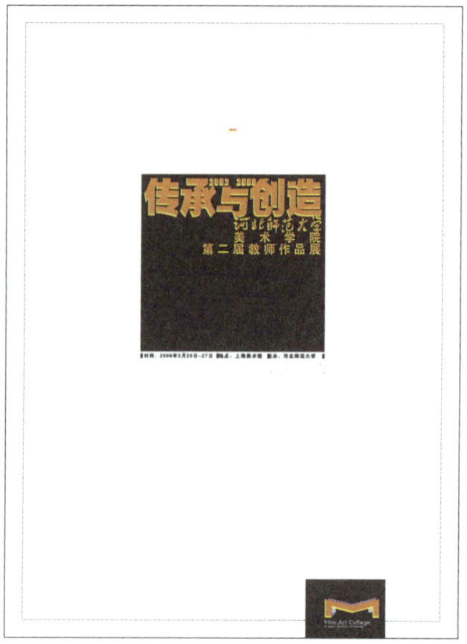

▲ 展览海报及比例对比 张爱民

↑ 作品采用“至上主义”风格，运用极简约的黑色块构成海报的核心要素，形成极强烈的色彩反差和二维空间对比，距离很远的位置即可抓住观众的眼睛，并给人很强的艺术感。围绕抽象色块，主题及相关信息或置于其中，或围绕边线，既为整体，又为突破，形成空间内外的“三度”维向，突出体现“至上主义”深邃的观念性。

左侧两幅是在正品基础上对核心色块进行了大小比例的调整：左上幅色块感觉有些大，给人一种压迫感；左下幅色块又显得小，感觉主题不突出、不醒目；正品则较为适度。

2.4.2 元素间的比例

版式设计中，除关注各元素、信息块与空间的比例，也要考虑元素之间的比例关系，而视觉节奏的营造很大程度上由元素间比例的变化达成。元素间的比例由信息内容的主次轻重确定，核心重要的信息一般给予大体量表现，介绍性、从属性内容则需与核心内容有较大差异，以形成较明确、强烈的视觉对比。而体块内部，则在整体原则的基础上适当调整大小变化，以塑造体块自身的节奏变化。

元素的比例问题，实质上不仅仅是指大小的变化，还包括了信息视觉强度（视觉量感）的比例问题，即元素视觉强度的梯度变化。相同大小的文字内容，因选用不同的字体，会给人带来轻重不同的感觉，这就是视觉强度的变化，同样可以给人带来节奏感。但这一比例认知无法依据具体的量化数值，完全靠感觉判断，视觉强度的设计意识对于版式编排非常重要。

▲ 书籍展览　区德诚

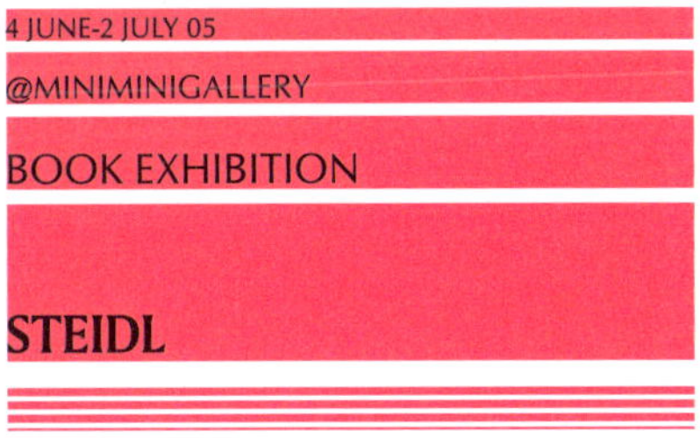

▲ 音乐会推广　约瑟夫・米勒

→ 比例既可给人带来视觉节奏，又可形成阅读流向。这是一张经典的音乐会海报，画面中并未出现任何乐器或音符，而是利用比例、位置及规律的抽象几何形就形成了极富韵律的视觉节奏！图形间的比例关系一目了然，图形形成的视觉流向清晰、明确地指向了海报主题。文字内容方面，主标题体量最大，所占空间也比较大，自然成为信息阅读的核心。其他内容相对弱化，视觉量感从属于主标题，构成明确的阅读顺序。

← 这张海报只以文字为元素构成，但通过体量的层次变化形成了较为丰富的视觉节奏。左下图为各级文字体量的比较，作者对各部分内容依据主次进行了不同高度、大小的设置，高度比例具有一定渐进性，形成了层层递进的阅读流向和节奏。最后的详细内容体量给予较大反差，与主体形成强烈对比，构成节奏的跳跃性。

2.4.3 比例产生的视觉引导

“由大到小”是视觉的基本规律。在阅读过程中，我们总是首先注意到体量大的元素，而后会依次关注各级别的信息内容，这便形成了一定的视觉流向。版式设计中，我们可以很好地利用这一规律，去规划信息呈现过程，运用比例的变化建立合理的阅读流向。

比例是构成视觉流向的元素之一，具体的视觉流向往往受多种因素的影响。一件优秀作品并非只有单一的视觉流向，正是多维的阅读层次才构成了丰富的视觉节奏。

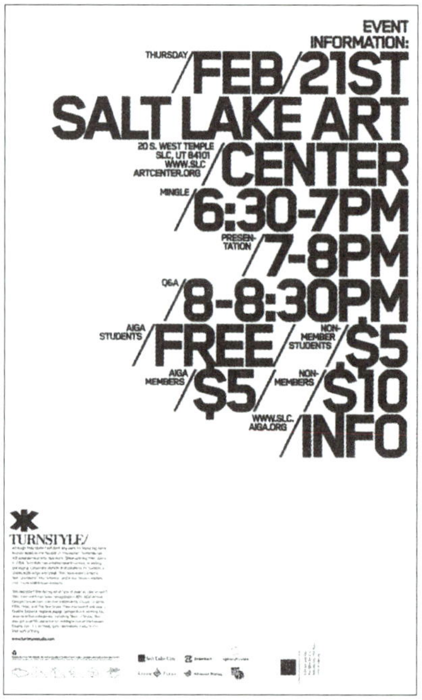

▲ AIGA展览海报（下图为视觉流向分析） Steve Watson

↙ 演奏会的系列推广用品在保持统一式样的基础上，将信息内容作了不同体量、不同字体的处理，使总体形象非常鲜明，同时又构成丰富的节奏感，形成多层的视觉流向。由于整体风格一致，尽管内容不同、组合不同、用途不同，但形成了统一的视觉形象和相近的阅读节奏。

↑ 粗壮的字体、齐左或齐右的样式、紧凑的行距令核心内容构成了视觉强烈的文字块，成为第一视觉点。获知其信息后，视觉自然移向第二、第三视点，形成了清晰的视觉、阅读流向。右图中，因在第一视觉点中增加了小体量的信息元素，在保持总体视觉流向的基础上，增加了核心部分的视觉层次。

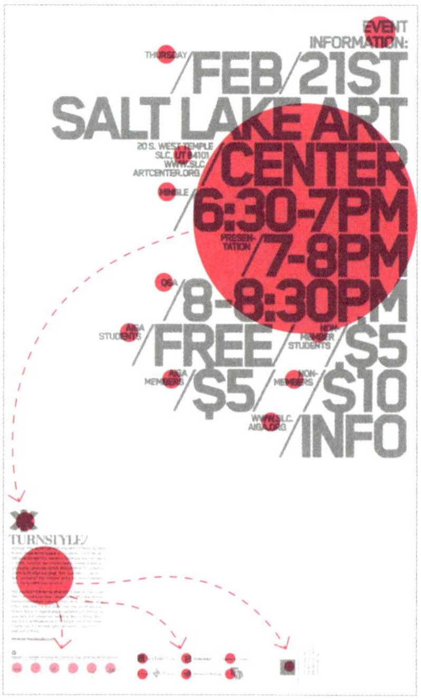

▲ 温哥华演奏会推广用品及视觉分析 Steph Gibson

2.5 图片的价值

在信息爆炸的今天，图片有着较文字更为强烈的视效，更为丰富的色彩，更为简捷、明快的信息承载，所以人们更愿意“看图”，更愿意通过读图获得直接的信息。依据用途的不同，图片可分为以下几种类型：插图型、解释型、感召型、背景型、点缀型等。插图型，即在文字中穿插一些与内容有一定意义联系的图片，主要发挥阅读调节的作用。解释型图片能够非常准确、清晰地表现文字内容。感召型图片则以激发观众兴趣、捕获观众视觉为目的，往往具有极强的表现力。背景型与点缀型图片主要起到衬托与节奏调整作用，但一般也会与内容有相应联系。

▲ 旅游广告　赫伯特・马特

▲ 食品店系列推广　Lee Weicong

↑ 这是一张极具感召力的海报！黝黑的皮肤、硬朗的脸型、帅气的墨镜、冲破画面的构图……给人极强的视觉冲击力和健康、阳光的心理联想。这是赫伯特・马特于1936年为瑞士旅游设计的推广海报。强健的形象和粗壮的字体构成了海报极强的感召力，为瑞士旅游确立了良好的形象。

← 食品店的推广则以真实的产品图片作为主体，既是对推广主题信息的解释，又充分展示了公司及产品的优良品质。在这里，图片的说服力远远大于文字的介绍。

2.5.1 图文混排

图，实际包括图片与图形，本章节我们更多讨论的是图片的运用规律。实际项目中，我们经常采用图文混排的方式，即将图片与文字融合在一起编排。这样的编排，图片不仅起到图解的作用，而且往往会利用其强效的视觉冲击力吸引观众，激发观众的阅读兴趣。还可以起到视觉调节的作用，让阅读变得轻松、舒缓、有节奏。

排版软件中一般会提供几种图文混排的方式：沿定界框绕排，沿对象形状绕排，上下型绕排或将文字置上编排……沿定界框绕排是指为图片确定一定界框，文字与图片绕排间距可自由设定，定界框形状也可做调整，以增强混排的自由性。而采用较多的混排方式是沿对象形状绕排，可增强文字与图片的整体性，形成强有力的视觉体块，此种编排方式，文字与复杂定界框间距为缺省值。

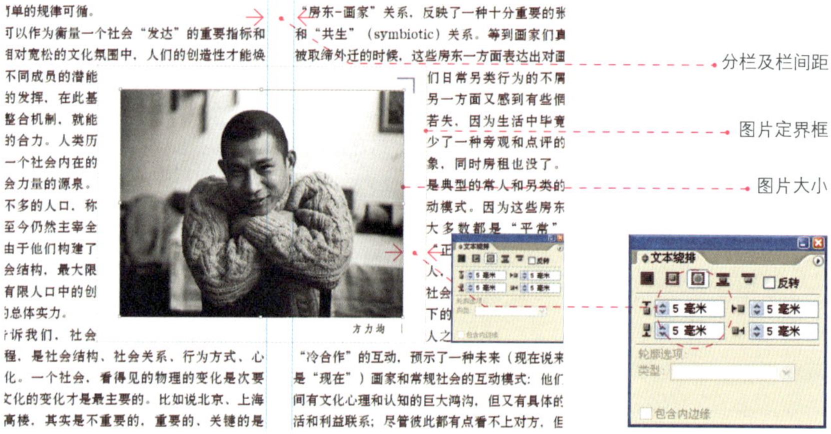

▲ 图文混排的基本设定

▲ 沿对象形状绕排与设定

▲ 上下型绕排与设定

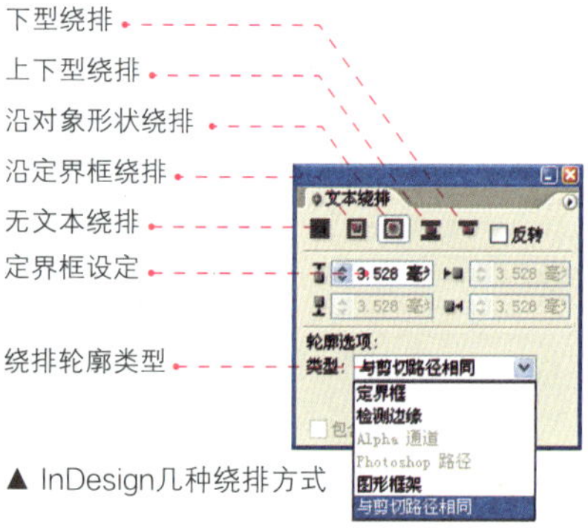

▲ InDesign几种绕排方式

▲ BMW宣传册页

2.5.2 图片的量感

文字因单字或字母的独立性，成句成段的内容往往给人以线或块的视觉感受，这种线或块无论对比强弱因笔画的作用一般都会给人以灰度感，其视觉量感相对较轻。而图片具有较强的整体性，容易形成一致的视觉体块，给人更强的视觉量感。因此，图片更容易成为视觉关注点，成为吸引视觉的重要因素。不同图片的量感也有区别，这与图片自身的色调、对比度、形象有关。通常重色调图片的视觉量感大于浅色调图片，色彩及明度对比强烈的图片视觉量感大于色彩相近的图片，形象突出、结构清晰的图片视觉量感优于组织混杂、形象雷同的图片。

设计师对于图片的选用有时是被动的，只能接受客户提供的现有图片。但设计师可以能动地使用图片，比如通过调节图片的对比度，调节整体色调，通过裁切求得合适构图，或增加色块等，这些能动的方法可以增强图片的量感和感染力。图片量感的调整也并非越强越好，需要与文字内容形成的视觉量感协调组织，把握既有对比，又为和谐的节奏状态。

▲ 展览推广（局部） Jeon.Jin Soo

▲《中国当代艺术生态》内页 张爱民

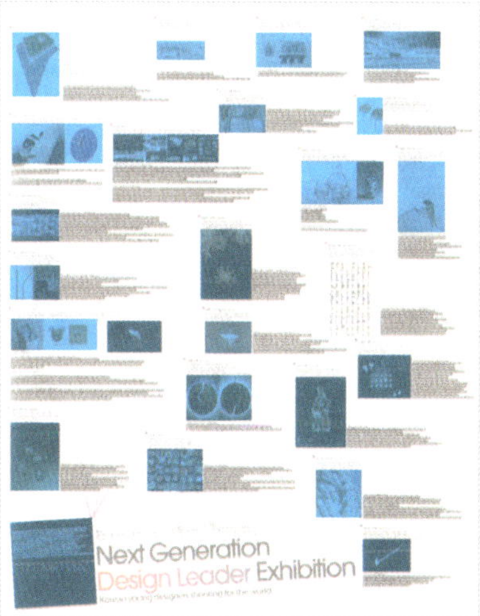

↑ 我们在看图片时，并非仅仅关注其中的形象，图片呈现的量感无形中吸引了我们的注意力。本推广海报，图片的大小不同、深浅不同，但较文字更为整体，具有较强分量感，就像演奏中的一个个强音。相关文字内容则围绕这些视觉强音组织编排。

2.5.3 图片的势感

一张图片因为形象及构图的变化，往往会形成一定的方向性，这种方向性会产生视觉紧张的强弱，我们称之为图片的势感。

水平方向构图的图片往往给人以平缓、舒张的势感。倾斜的构图则随角度的大小变化产生不同强度的势感，角度愈大，势感愈强。势感的强弱还与形象在空间中所占比例有关，形象在空间中比例愈大，其势感愈强。图片的势感不仅能形成较强视觉吸引力，这种势感还会延伸至画面之外。文字的编排则需充分考虑图片的势感，或就势组合，或壁垒对阵，或因形突破……意思就是图文混排时，一定要考虑图片的势感，让文字与图片形成呼应，构成整体，而非各自为政、互无关系。

▲ AIGA活动推广　James Crosby

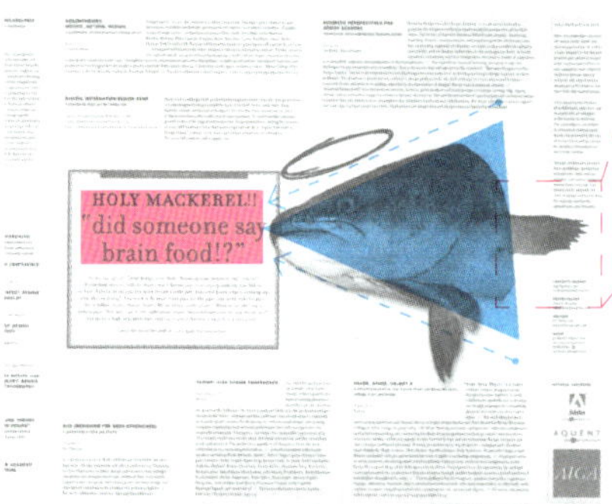

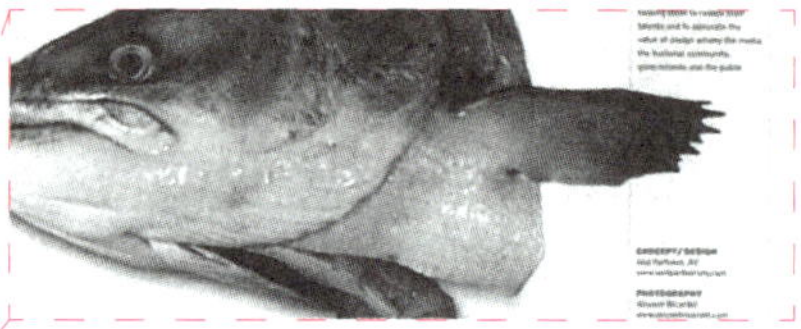

↓ 一把锋利的尖刀与切开的“刀口”汇成了上下两个方向的交集，这一交集点正是海报主题呈现的位置。尖刀的使用或许有语义上的考量，但直观上给我们带来的是图片势感产生的视觉引导，让阅读有了秩序。

↘ 图片透视产生的强烈上升感“迫使”视觉不得不关注主题！主题的编排位置与体量则是“借势”而定，两者构成方向上的“碰撞”，其他内容则作为补充与调节，丰富了画面与阅读。

图片因形象、结构的原因常常给人以方向感，借助这种方向性便可构造顺畅的视觉引导。本推广中，设计师恰当地利用了鱼头的自身方向和外形方向，将视觉关注点引向了推广主题。而其他详解性内容则围绕图片与主题编排，采用了沿定界框和外形绕排的方法，使文字与图片成为整体。

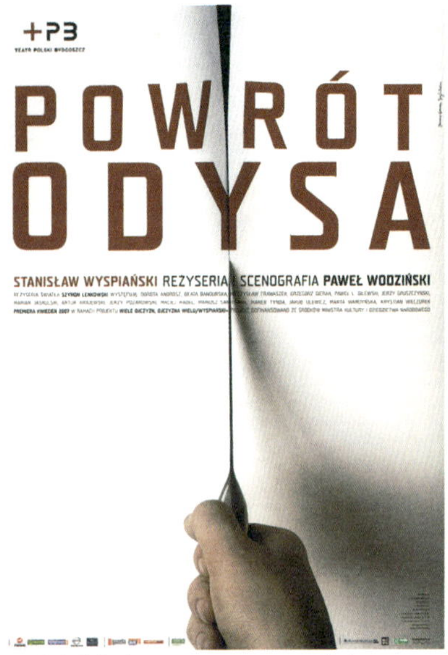

▲ 艺术节推广　HOMEWORK工作室

▲ “魅力中国”主题创作　王玮

2.5.4 图片的裁切

优秀的设计师总愿意介入图片的拍摄过程，这样便于深入地了解内容，更可有意识地把握拍摄角度和图片结构。图片本身就是一独立的二维空间，除了形象之外，图片的视觉量感与势感都是影响其感染力的重要因素。而图片的构图，包括形象的空间对比、位置关系、方向角度，以及图片本身的高宽比例与形状都是影响图片量感与势感的切入点。所以，对原有图片进行分析，并进行必要的裁切，成为设计的重要过程和手段。

▲ 原图：主题不够突出

▲ 裁切一：中心主题突显

▲ 裁切二：主题延展于画外

▲ 裁切三：纵向形式感

▲ 原图版式

▲ 裁切（一）后版式

▲ 裁切（二）后版式

本案例中，原图景深较远，主题部分与整体空间比较小，不够突出，视觉张力不够，版式中的应用也显平淡。裁切（一）后，主题变得突出，视觉张力增强，版式也变得更有力量。裁切（二）则强调了图片的形式感，产生了较强的视觉引导，图片的"出血"处理令主题延伸于画外，形成更强的视觉张力。

▲ 标致207宣传内页

↑ 深远的全景照片中，一组位于整页中心的人物构成画面“动态”的视点。由此向外，呈放射结构的版面中，借助阳光的辉映，“207”如此的精致、剔透，富有前进的动力！这是整幅图片给我们带来的视觉联想和主题渲染。其他图片则经过裁切，以突显局部特征为目标，充分展示了细节之美。宣传页右下角的产品图片在方向上与主图呼应，起到视觉聚焦的引导作用。

↓ 图片原图基本为矩形，裁切时可去除与主题无关紧要的部分，以突显主题；也可以追求图片形式感，打破原有高宽比例，裁剪为平缓、高纵的特殊样式。还可以如下案例，裁剪为其他形状：梯形、圆形、不规则形……这些形状的图片因突破了常规状态，较易给人一定动感或前卫性，能够增加版式的生动性。当然，图片裁切的方式应结合内容需要选择。

→ 随着计算机技术的广泛应用，对图片的处理更为简便和多样化。图片裁切已不仅仅是对边框的处理，更可以对主题形象进行“抠图”，去除与形象无关的背景，对形象进行重新组织与设计，从而获得别致的图像组合，给观众以新奇、生动的视觉感受。“六个核桃”海报即是此种手法的运用与表现。

▲《中国当代艺术生态》内页　张爱民

▲ 六个核桃形象推广　张爱民

课题训练

课题1 文字性格比较

课题说明

1. 本课题要求以实际案例为切入点，选择一件以文字为主的产品宣传页。

2. 宣传页应选择高品质、特征鲜明的产品，如汽车、化妆品、时装……分析其品牌与产品属性，审视、讨论各级文字的性格特点及与产品形象之间的关系。

3. 总结概括产品属性、定位及鲜明特征，尝试改变文字性格并比对改变前后的效果，探索与产品属性更吻合的文字。

新旧车型

广告语

解释内容

纪念标识

品牌标识

保时捷作为世界知名汽车品牌，一直是高端领域的代表，其生产的保时捷911是迄今为止世界跑车中最畅销的一款。保时捷品牌的核心诉求：力求至臻完善的标准。

保时捷车体流畅的弧线、精致的细节刻画、完美的烤漆工艺……铸就了其经典的产品形象。而精致舒展的标准字体与贵族般的图形标志成为品牌形象的视觉代表。由产品到视觉推广，是每一个细节造就了保时捷绝美的世界认同。

本广告推广由精美的产品图片、雅致的品牌LOGO、活动标识、黑体广告语和黑体内文构成，基本展现了保时捷的高品质形象。但仔细揣摩，发现黑体广告语及内文字体稍显粗糙，不够精致，与“至臻完善”的品牌形象不太吻合。原因在于：黑体字较为粗壮、醒目，较适于作为标题、广告语，但因其来源于传统的印刷字体，较简洁、精致、几何状的现代字体（如与保时捷标准字体比较）则显松散，不能完美地体现品牌形象诉求。黑体字内文体量较小，则显臃肿，也无法反映产品“精细”的至臻追求。

综上所述，本广告产品图片、形象LOGO、整体格调都不错，但选择的文字字体性格与品牌及产品形象尚有距离，通过调试其他字体比较、分析以获得最佳效果。

标准字体

精致图片

黑体广告语

跑车 |多数人知道，少数人了解

黑体内文

世界并不知道它需要怎样的跑车，直到1963年第一部保时捷911的诞生。
40年过去了，您可以看到今天的911毋庸置疑地传承了前辈的风范：经典
当引擎轰鸣声响起，那一刻您会了解，您的世界需要怎样的跑车。

课题引导

1. 通过对宣传品的分析，我们认识到了产品属性、品牌形象诉求，这些是我们选择或设计文字的出发点。我们必须让文字的性格符合或能够充分展示品牌、产品属性。对品牌与产品的解读还可通过网络或其他途径深入了解。

2. 对文字性格的把握，可以通过设定不同字体进行比较，细细体会。如果需要，对于主标题或广告语最好能够进行独立的体形设计，以更好地展现品牌与产品形象。

跑车
跑车
跑车

▲ 明显不适宜使用的字体（书法体）

跑车
跑车
跑车

▲ 黑体、中等线体、独立设计字体的比较

跑车 | 多数人知道，少数人了解

▲ 中等线体

世界并不知道它需要怎样的跑车，直到1963年第一部保时捷911的诞生。
40年过去了，您可以看到今天的911毋庸置疑地传承了前辈的风范：经典
当引擎轰鸣声响起，那一刻您会了解，您的世界需要怎样的跑车。

▲ 细黑体

差异较大的字体性格把握较为容易，同类别字体因细节上的变化，性格也有较大区别，但需仔细体会。新方案广告语选用中等线体，内文为细黑体，两种字体细节更为精致，符合品牌与产品的属性，能更好地呈现保时捷跑车高品质诉求。

左侧为几种字体的比较，书法体因自由性较大，笔形变化多，明显不适宜技术严谨、细致精美的保时捷产品形象。黑体、中等线体与独立设计字体相比较，独立设计字体更为精美，但为了设计制作的便利，最终选择了字库中的中等线体。

课题2 “再设计”

课题说明

1. 本课题要求以实际案例为切入点，选择一件图文并重的产品宣传页（产品类别不限）。

2. 对宣传页进行全方位分析，从文字性格、主次分类、空间比例及图片运用等方面探究优劣，并判断各因素对视觉流向的影响。

3. 通过手机采集宣传品信息，对所有信息进行分解。基于原尺寸和信息数量进行“再设计”创作，可改变元素的大小及位置关系，寻求更顺畅的阅读状态。

对化妆品折页分析发现：产品分类较为明确，但是信息对空间的占有太满，令阅读有窒息的感觉，且各产品信息呈现顺序不一致，阅读变成了一种寻找；第一种产品呈现及空间布局还不错，但接下来的视觉走向不明确，没有形成顺畅的阅读流向。

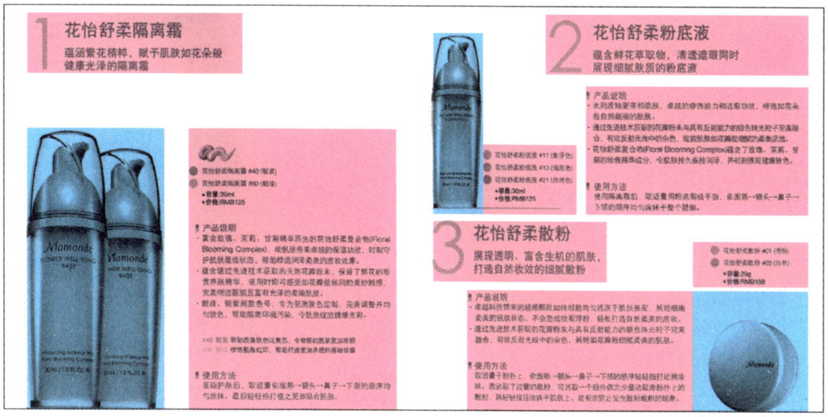

▲ 化妆品宣传折页空间比例分析

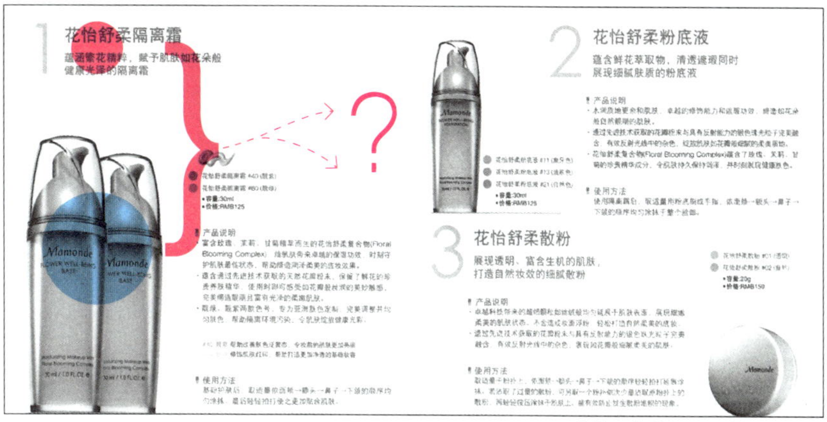

▲ 化妆品宣传折页视觉流向分析

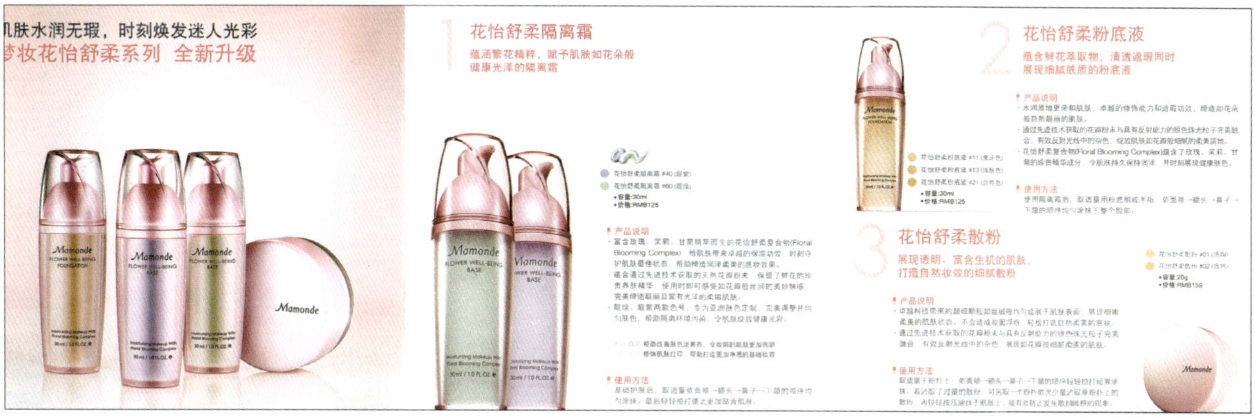

▲ 化妆品宣传折页原图

▲ 化妆品宣传折页“再设计” 郭信军

课题引导

1. 通过对宣传品的分析，我们发现产品品名、详细说明、具体标注等内容所选用文字性格与产品属性及形象较为吻合，并通过大小、色彩及图形标注予以区隔，信息层次与传达较为清晰。

2. 本宣传页的问题在于空间拥挤，容易造成视觉紧张与疲劳，并与产品的品质不太相符。另一问题就是总体视觉流向不清晰，造成阅读不够流畅，容易给人造成信息及形象“迷乱”的感觉，从而影响产品及品牌的形象。通过“再设计”对这些问题进行改善与调整。

▲ 化妆品宣传折页文字及辅助手段分析

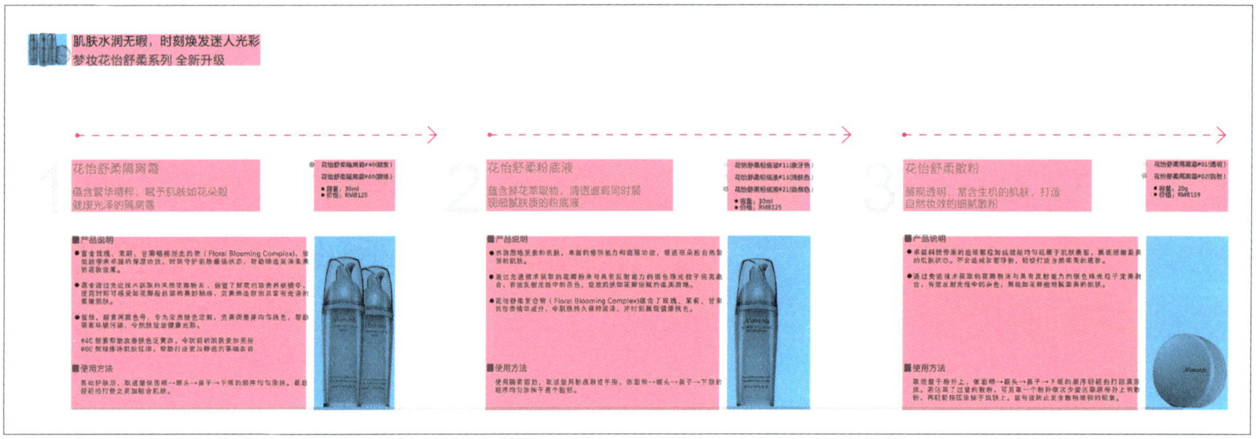

▲ 化妆品宣传折页“再设计”版面结构分析

郭信军同学的“再设计”方案解决了宣传页整体视觉流向的问题，新方案建立了产品内部的信息呈现模式：三个产品具有同样的信息结构，使所有信息变得条理化。产品推介安排为自左而右的“1、2、3”，视觉流向清晰、明确、自然。页面上部预留较大空间给产品总体特征，构建了疏朗的阅读情绪，与产品高品质诉求达成一致认知。

但美中不足的是，作为三折页宣传品，新方案缺少了形象页，从而改变了折页的基本性质。此案例原有目的是形象推广与产品介绍并重，以形象吸引观众，以详细介绍让消费者深入了解产品。而新方案突出了产品介绍内容，整体形象（尤其是产品形象图片）体量太小，无法起到吸引消费者的目的。基于此，重新对折页作了进一步设计，这一新方案保留了原有方案好的表现，又对产品介绍进行了条理化处理。可对三个方案比较优劣。

▲ 化妆品宣传折页“再设计” 张爱民

课题3 主题创作

课题说明

1. 本单元的学习重点是“顺畅阅读的营造”，所谓“顺畅”，即在于阅读的“自然”状态——视觉的“自然”流动、阅读流向的“自然”延续、信息内容的“自然”接收……这样的一种状态才能使信息准确传达成为可能。

2. 课题以“我的家乡——城市映像”为主题，通过实地考察获得对所在城市的认识，并将认识概括归类，形成较明确的观点或脉络，如“城市映像——方向标”、“城市映像——火车站”……

3. 考察过程中寻找城市的一些不同视角，拍摄下来。挑选自己满意的图片并可适当裁剪，结合主题归纳创作一幅“城市映像”海报。要求主题鲜明，呈现条理清楚，信息丰富可读，参考尺寸为70cm×100cm。（此为可选课题）

主题创作案例库

★思政训练项目：

通过版式编排进一步梳理家乡历史文化的突出特点，思考如何清晰、高效地将家乡的文化特质传达出去，深入理解中华优秀文化基因在祖国各地的呈现方式。

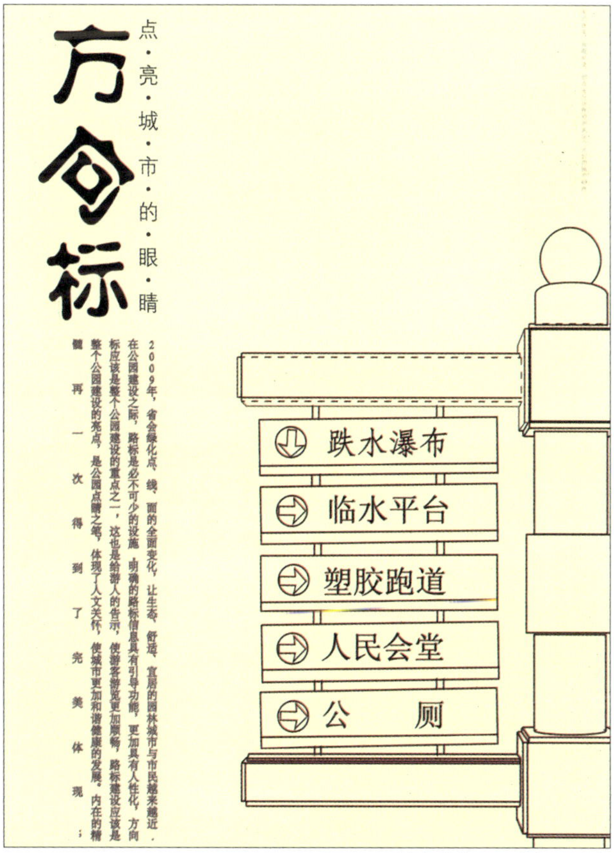

▲ 城市映像·方向标 张龙

▲ 城市映像·火车站 孙琪风

设计欣赏与点评

▲ 冰海杂志封面　Toan Vu-Huu

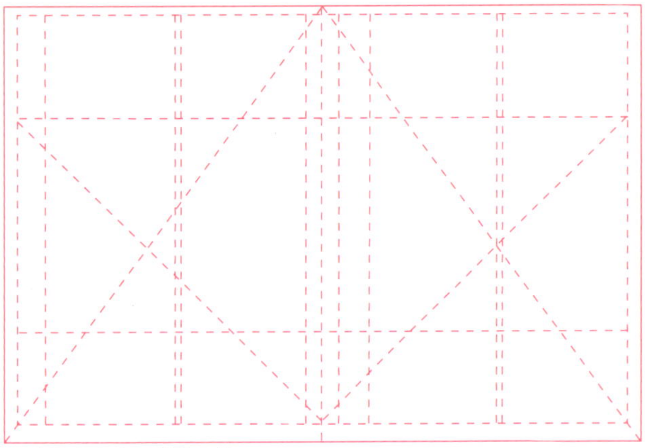

▲ 冰海杂志内页结构网线

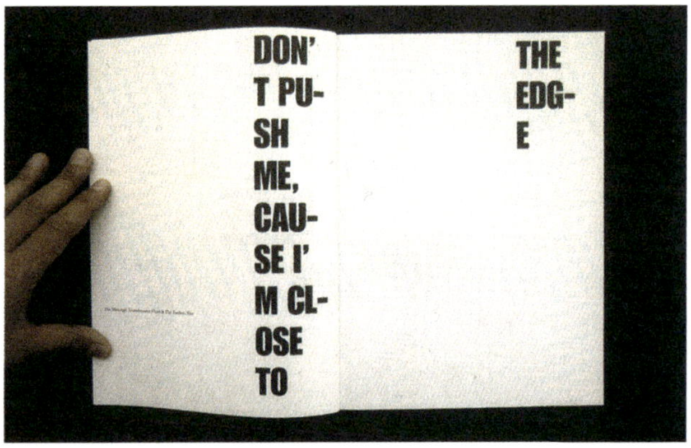

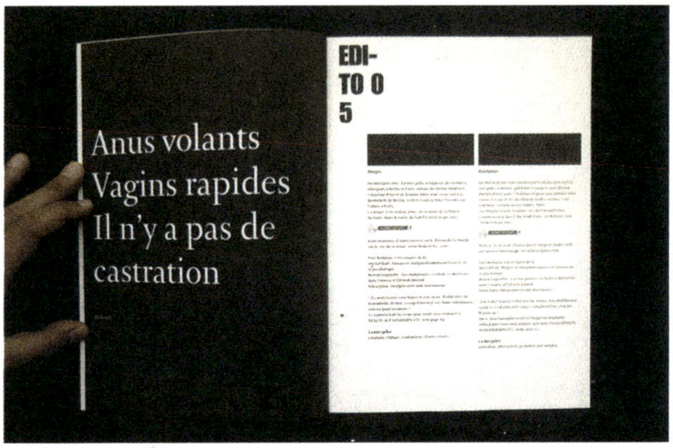

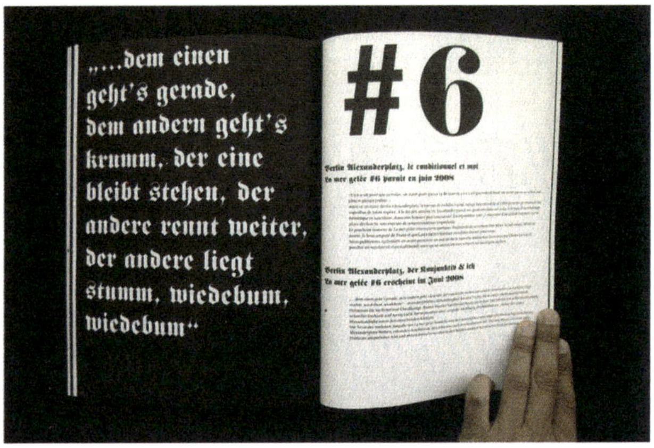

▲ 冰海杂志内页　Toan Vu-Huu

冰海杂志（左页）封面以大体量标题构成强烈的视觉冲击力，置于书架或展架，视效甚强；内页标题则延续了粗壮、强效的封面风格，与小体量的内文形成鲜明对比，形成了明确的阅读顺序；内文对网格结构的遵守使整本杂志具有了统一的阅读秩序，而对字体与网格的突破又形成阅读的变化与视觉节奏感。

“达达”展览画册（右页）的书名采用了更为夸张的体量，形成直接、强悍的视觉召唤；内页则依据结构网格秩序而又不乏灵活的编排，形成统一而具有节奏变化的效果；内页标题体量相对较大，构成了较为清晰的阅读顺序；因为图片的介入，更加增强了观众阅读画册的兴趣。

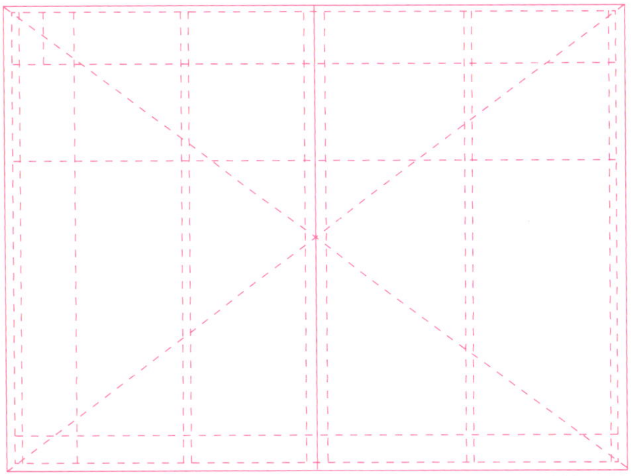

▲ “达达”展览画册内页结构网格

▲ “达达”展览画册及内页 deValence工作室

▲ 包装　Michael Crampin+Helen Willes

▲ 服装包装　Mihika Deshpande

↑ 现代包装不仅需要具有承装、保护产品的功能，更为重要的作用是展示、吸引消费者。所以，产品信息的醒目、条理、顺畅呈现是与消费者有效沟通的基础。本页产品包装设计即是以粗壮、强悍的信息文字为主体形象，以秩序、条理、变化的内容组合营造视觉节奏和阅读顺序，获得了良好的品牌形象和阅读享受。

→ 耐克推广选择了极具力量感的“古埃及体”营造了强劲的性格联想，不仅视觉效果强烈，还与年轻人爱好运动、喜欢力量的性格形成共鸣。由此看出，文字的选择一定要与主题性格相吻合。

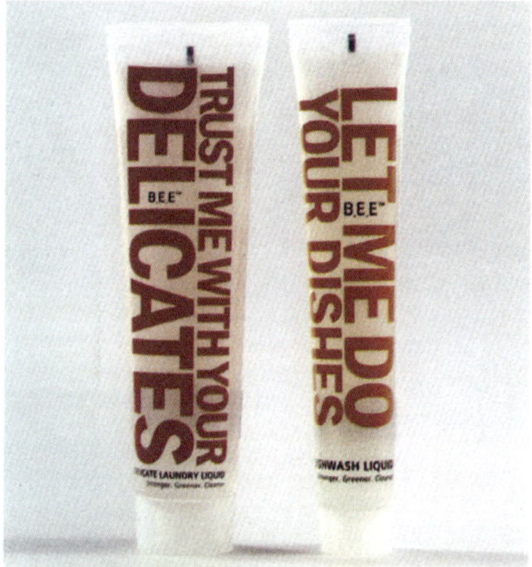

▲ 包装　Michael Crampin+Helen Willes

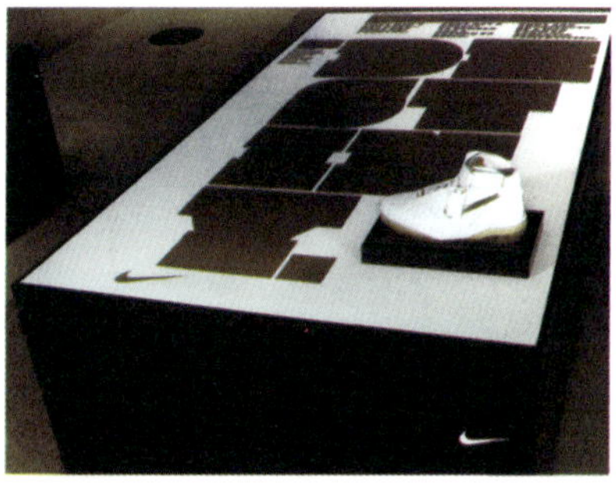

▲ 耐克推广　Non-format

▲ 耐克推广　Non-format

▲ 地产广告　Richard Stenlake

▲ 唱片海报　Monique Kneepkens

▲ 海报　艾伯特・赫兰斯泰因

← 亮丽的高调图片占据了整个画面，奠定了产品的性质与格调。同时，设计师利用图片的透视营造了变化丰富，充满艺术味道的画面结构，构成了一定的视觉节奏。基于项目格调高雅的性质，标题文字选择了纤细、精致、优雅的无衬线体，进一步强调了人们对产品性格、品质的感受。其他相关信息则简单、明晰，与整体格调非常一致。

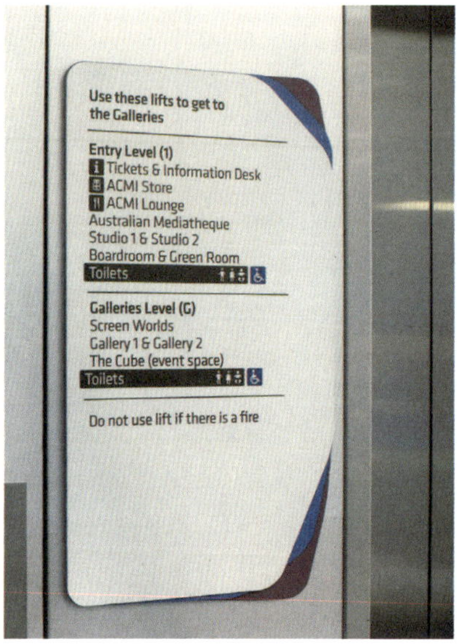

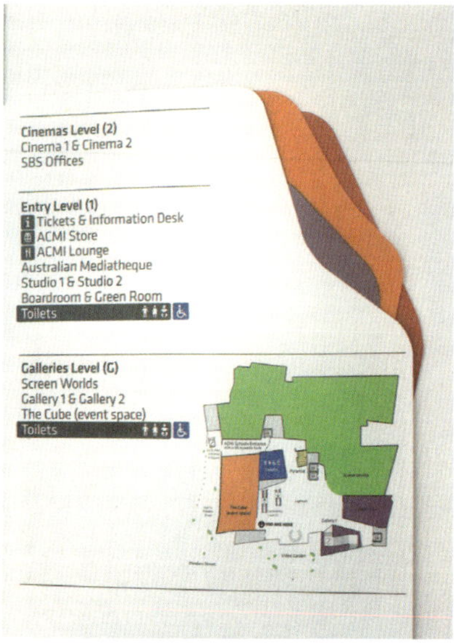

▲ ACMI影画中心导示系统
Soren Luckins+David Williamson+
Shane Loorham

↗ 导示系统信息呈现更需顺次、条理，更需要顺畅、清晰的阅读过程。ACMI影画中心导示系统中，不仅标牌信息通过字体变化、分类别项、图形辅助等手段使条理性非常强，系统整体自户外至室内同样遵循着顺畅的导引原则。

↘ 导示系统信息的清晰性毋庸置疑，单一版面的顺畅阅读成为基本要求，而整体的导引作用在原研哉先生为三里屯所设计的导示系统中表现得淋漓尽致。室外与室内通过一致的字体和图形串引在一起，建立了四维的顺畅阅读过程。

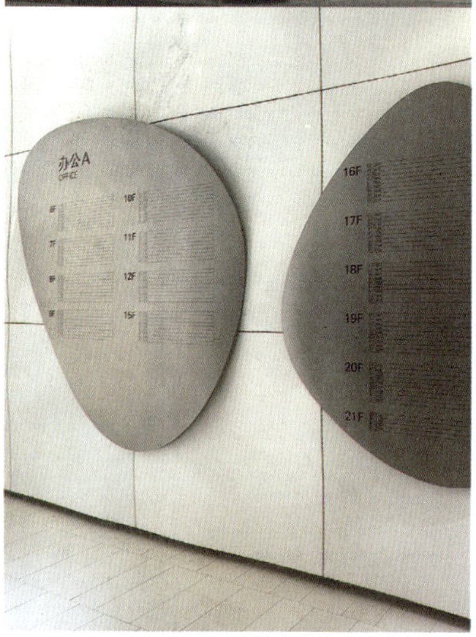

▲ 三里屯导示系统　原研哉+小矶裕司

总结归纳

阅读过程顺畅与否是评判版式设计优劣的重要标准，顺畅阅读是版式设计第二层次追求目标。通过本单元的学习，使同学们掌握围绕“视觉流向”编辑文字、图片的方法，由此形成以“顺畅阅读”为目标的版式设计观念。

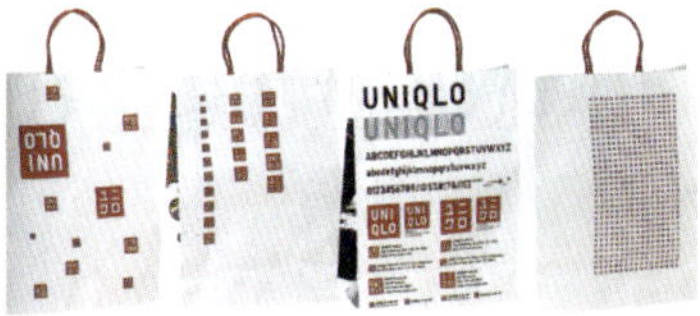

第三单元

阅读节奏构成享受

课程目标

通过对空间张力及构成的理解，培养学生更高层次的版式意识，并掌握版式节奏的营造方法。

基本知识

阅读享受正成为版式重要（甚至主要）的设计目标，构成视觉节奏的因素包括视觉力量、视觉网、视觉关系、正负空间、动态呈现及节律布局……本章节借助“三个苹果的启示”，浅显、明晰地揭示视觉节奏的基本规律，从而掌握版式设计的基本视觉原理。

课题训练

通过具体课题切入，围绕主题，由学生进行实地考察、思考、文字整理，以此锻炼学生关注现实、发现问题、深入思考问题，并提出解决方案的综合能力。同时为提升学生版式判断力及实战能力，制定了对传统版式全新“再造”的课题。

知识阐述

美国著名心理学家马斯洛提出人类价值体系存在两类不同需要：一类是基于生理功能的低级需要，即满足人类衣、食、住、安全等生存功能的需要；一类是基于精神层面的高级需要，即获得社会尊重及自我价值实现的精神认同。两类需要层次不同，低级需要是人类的基本需求，当低级需要获得相对满足后，人就会向高级需要转变，就希望获得更高层次的需求满足。但两种需要又相互融合，相互渗透，并非有了高级需要就不再有低级需要，只是总有一种较为突显的层次需求，但低级需要是人类存在的根本。

版式设计的层次状态与马斯洛的价值理论如出一辙。版式设计的根本意义在于功能目标的实现——信息的准确传达。满足信息准确传达的条件有信息条理性、主次性呈现，以及顺畅阅读的营造。但当基本功能得以满足后，人们即需要更高层次——即精神层次的满足，也就是艺术享受的需要。功能与艺术是版式设计的核心目标，功能追求是版式设计的低层次目标，艺术追求是高层次目标。但是在以功能追求为主的设计中，艺术表现同样需要；在以艺术追求为主的设计中，功能也是必须考虑的因素。

本章节围绕艺术表现阐释基本的视觉艺术规律，掌握这些规律有利于全面地认识版式设计中艺术表现的方法与途径。

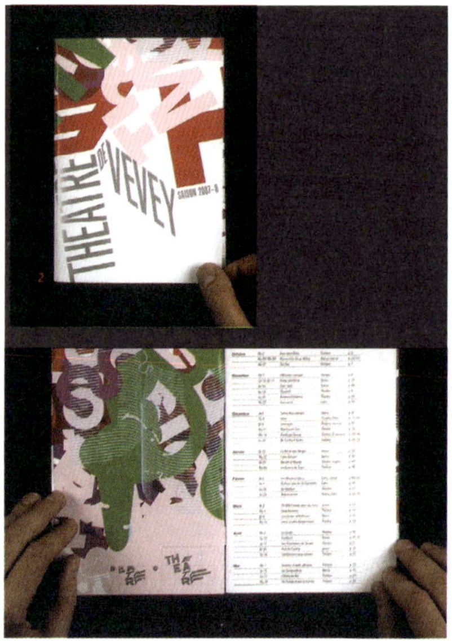

▲ 威薇剧院节目单
Adam Machacek+Sebastien Bohner

节目单的封面不再是传统意义上的封面，而是可以展开成为“海报”或内页的背景，增加了信息空间和阅读趣味。一个信息的呈现不仅具有二维的丰富变化，还突破二维空间，表现为层层揭开过程的三度、四维阅读节奏！且在内页的翻阅过程中，时时出现与“背景”相融合的图形，构成了信息多维联系和阅读享受。

3.1 空间张力

任何一个设计或推广必然依托一定的媒介，而任一媒介也必然有其长宽尺度。各种长宽尺度的媒介空间就是版式设计的舞台，信息呈现的场地。设计之初我们就必须在头脑中树立一张纸所限制的“空间”意识，形成“纸”的大小、横纵、比例，甚至形状的认识，因为不同的空间自身就会形成不同的视觉特性，直接影响着阅读情绪与信息组织方式。空间与空间张力是影响视觉与阅读的重要因素。

3.1.1 视觉力量

面对一张白纸，我们是无所“视”从，还是自然找到“着眼点”？同样大小的一张白纸，纵向观看与横向观看有无区别？当我们在白纸上摆放元素的时候，先放到哪里呢？

这些看似“无聊”的问题，却隐含着基本的视觉原理，掌握了这些原理，我们便掌握了版式设计的“阿里巴巴”咒语。一张空白的纸或一个有限的“空间”并不仅仅是背景，并不仅仅是载体，而是有强大力量的“生命体”。一张白纸呈现在眼前，并非没有内容，它是由四个顶点和四个边框构成，只是我们平时熟视无睹而已。面对这张白纸时，我们的视点会自然地落在画面中心附近，什么原因呢？纸的顶点与边框是客观存在的，当视觉关注这张纸时，也便由顶点与边框形成了“力量”的均衡与协调，我们称之为“视觉力量”的均衡。现代视觉心理研究表明，顶点会形成一定吸引力，而边框同样也会形成吸引力，因为纸空间的对称性，各点与边框所形成的吸引力总体是均衡的。根据力与反作用力的原理，在空间的正中有一牵引四周引力的点，这一“无形”的点力量强于任一顶点或边框，所以也就成为了视觉中心。这一原理也正是多数宣传册、推广品将重要内容置于页面中心部

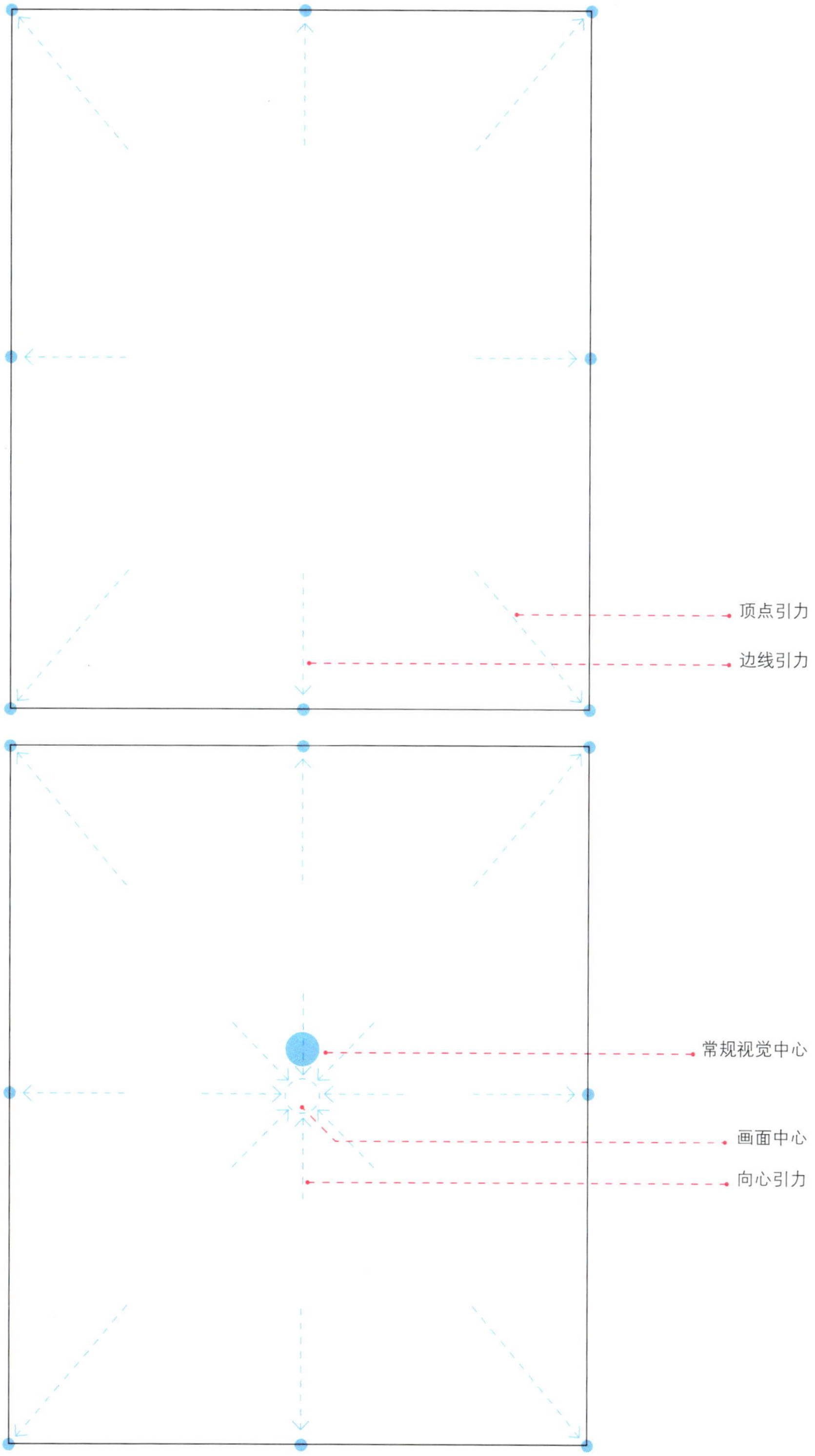

一张白纸并非了无一物，而是由边线和顶点界定的二维空间。边线和顶点在视觉上产生了一定牵引力，受视觉心理的作用，画面中心产生了一个与边线、顶点牵引力相平衡的向心引力，这就是我们面对一个空间时自然确定的“着眼点”。但由于受眼睛自身生理特征的影响，“着眼点”即视觉中心真实的位置往往略高于画面中心。

位的原因，中心部位更容易成为视觉关注的重点。

当元素偏离中心时，则改变了由顶点与边框所形成的牵引力均衡状态，各部分力量失去平衡，形成视觉力量的动感变化。当元素的位置变化不大时，这种动感变化较小，随着元素偏离中心越远，视觉力量的动感变化越大，动态感与力量感越强。所以，信息元素位置的不同将会产生不同的力量感与视觉动态。

当元素的大小改变时，因为元素自身视觉力量的增强，同时会改变其与顶点、边框牵引力量的对比。随着元素体量的增加，会逐步产生对空间的挤压感。所以，元素体量是影响视觉强度的重要因素。

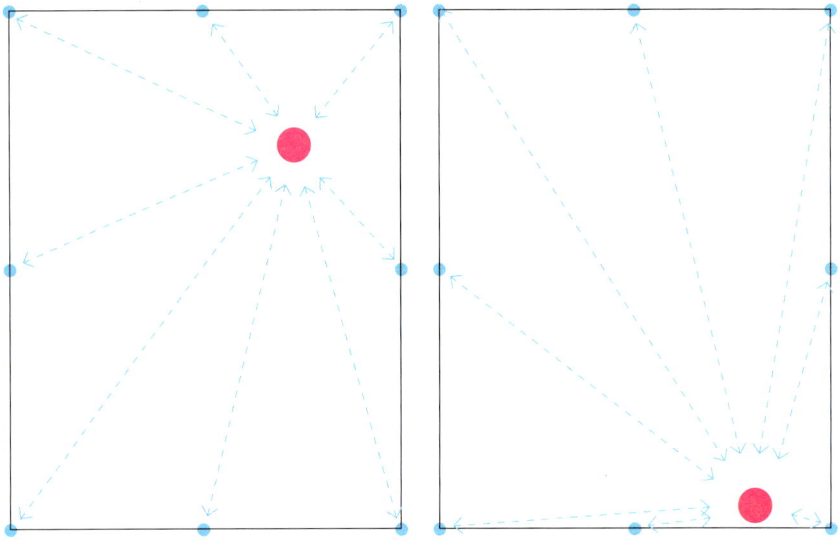

↑ 当空间中出现一个元素时，其视觉力量远大于“虚”的视觉中心而成为真正的视觉焦点。当元素偏离画面中心点时，它与边框、顶点之间的牵引力发生变化，产生视觉动感，这也是现代设计中追求均衡构成的原因。但是当元素偏离中心过多时，牵引力间的均衡状态被打破，则产生一种危机感。

→ 元素体量的增加会逐步增强其视觉量感，达到一定程度会完全突破边线、顶点所产生的力量感，显示出强烈的向外张力，从而成为绝对的视觉中心。视觉中心地位的确定很大程度是由视觉力量的强弱决定的。

当元素较多时，视觉会主动选择距离较近、形状相似、方向相向等因素制约的有联系的元素构成群组。不仅每一元素具有力的大小与联系，而且视觉会建立群组整体与其他元素、群组的力量对比与联系，从而形成节奏的丰富性。视觉力量的变化与相互联系是构成视觉节奏的重要因素。

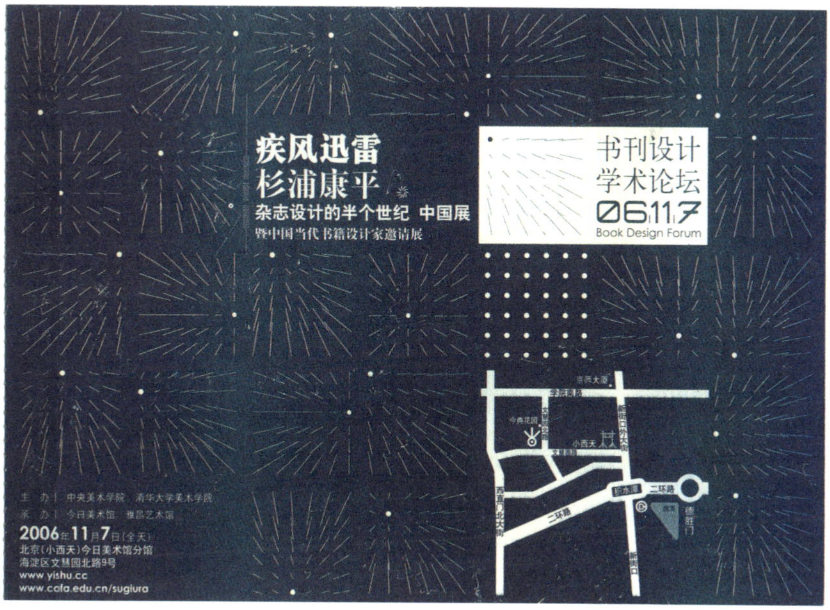

▲ 杉浦康平中国展图形与推广用品

“疾风迅雷——杉浦康平杂志设计的半个世纪中国展”活动标识与其说是形式图形，不如说是视觉力的图解分析。标识图形由多组相同特征、不同构成的点、线组成，每一组点的位置有所区别，围绕的诸多线段揭示了点与空间形成的“力”的凝聚性，是视觉力量的绝佳注解。

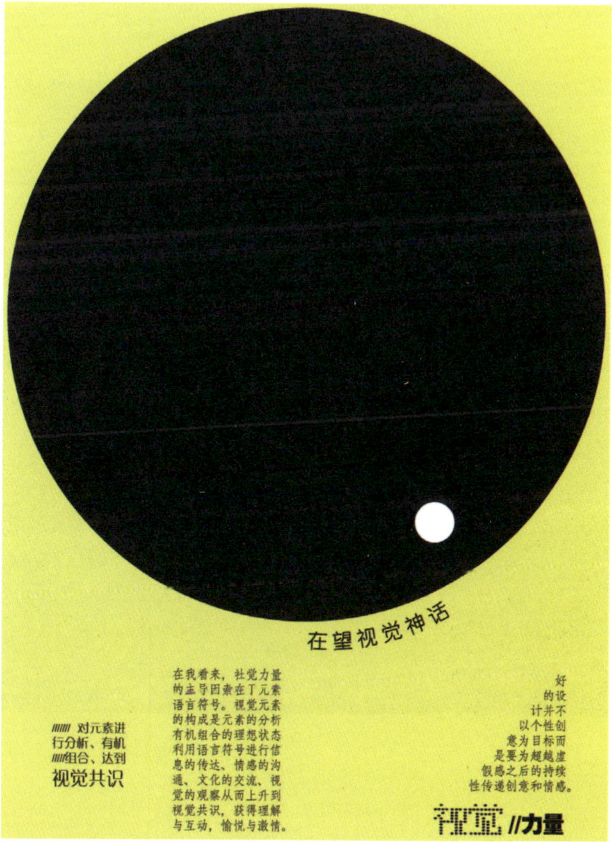

▲ 视觉力量主题海报 刘金得

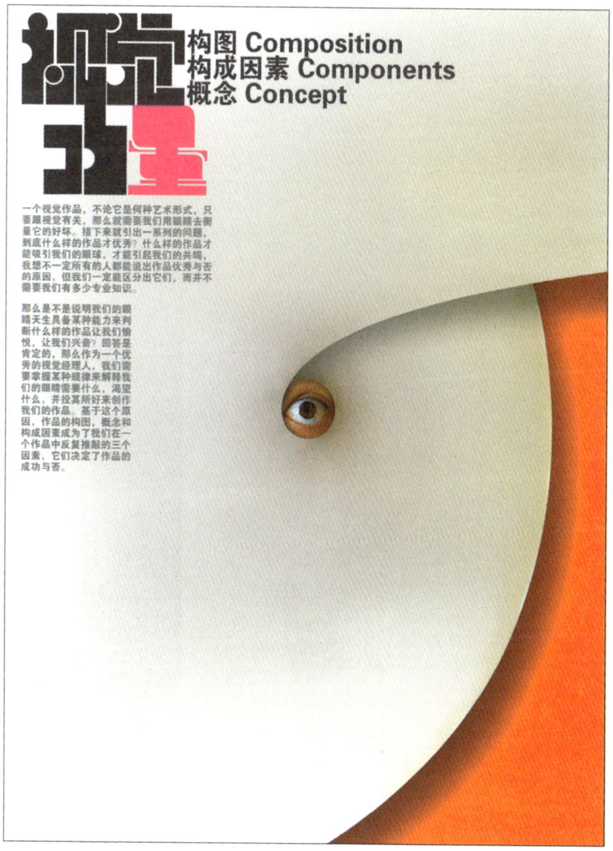

▲ 视觉力量主题海报 陈晓鹏

3.1.2 无形的视觉网

在一有限空间中，由顶点与边框形成的视觉引力，其相互作用的状态我们可以称为“视觉网”。这一视觉网是视觉心理与空间节点所形成的视觉力的真实存在。一个元素的置入，必然引起原有视觉网牵引力的变化，当第二个元素置入后，又引起视觉力量更丰富的变化。各元素除与空间顶点、边框力量形成作用，两者之间同样形成牵引力，而视觉也总是从力量更大者向更小者转移，形成阅读流向。当元素增加更多时，眼睛便会进行能动组合与选择，会形成相应的群组，由群组构成较大的整体形象，构成整体的视觉力量与其他群组及元素间力量的联系与对比。

视觉网是真实存在的，但又是无形的。它是由视觉在一定空间中形成的力量网格，借助这种网格，我们可以感性并理性地组织信息元素，可以判断元素的位置、大小、群组的优劣。对视觉网的把握是一个艺术家或设计师艺术能力的体现。编排设计中往往依靠个人“感觉”进行判断，但潜在的依据是设计师形成的视觉网格能力。作为初学者一定要具有这种认知，但还需要借助有形的栅格系统经过大量的练习才能转化成为固有能力，栅格系统实际就是视觉网的显现表现。

▲ 海报结构分析　Caroline Cox

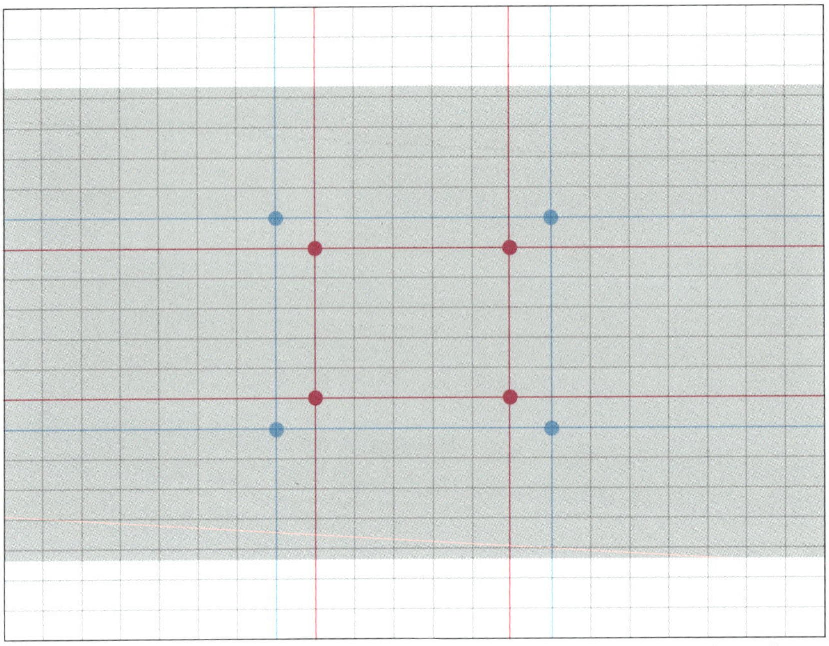

▲ 4：3矩形网格图示

面对一个空间我们总是能够主动地将物品（或元素）放在认为恰当的位置，这是视觉网格的真实反映。但是在摄影、版式设计中我们更多用工具或现实网格线帮助我们组织内容。上图即是常用的4:3比例矩形的基本网格，蓝线为九分格分割线，红线为黄金比分割线，灰色块为16:9比例矩形（新流行的显示媒体比例）。九分格与黄金比分割线为人们喜爱的分割法，其分隔交点也往往是核心元素的位置。

▲ 照片的构图分析

← 通过3×3网格与黄金比分割线的分析，可以看出海报具有比较明确的结构关系：主体图形、主标题及人物与黄金比网格具有密切关系，尤其是标题与人物头部位置与黄金比分割线基本吻合。

↑ 照片中，地平线处于中线偏上的位置；人物处于画面中间，而重点——摄影镜头却位于黄金比分割线；更为巧妙的是远景的落日正好位于黄金比分割点，与人物重心构成层次深远的视觉中心。

798艺术区的前世今生 舒 阳

798艺术区在北京的出现，是一个前所未有的奇迹。以往北京曾经出现过的艺术聚集区，都是以艺术家的居住和工作聚集为主，如20世纪90年代的圆明园画家村、北京东村等。在798艺术区形成之前，已有中央美院的雕塑工厂、《乐》杂志社、美国人罗伯特的艺术网站等机构和少数艺术家租用798地区的空间做创作和生活使用。但798真正开始受到当代艺术界的关注，是由于2002年10月“北京东京艺术工程”的首展“北京浮世绘”。“北京浮世绘”开展后，更多的国内外艺术机构和艺术家进驻798地区，798艺术区的规模初步显露。可以说“北京浮世绘”的开幕，是798艺术区开始形成的第一个标志性事件。“北京东京艺术工程”的最初引导者艺术家黄锐此后被媒体冠名为“798先生”，成为798艺术区形象的代言人。

由于当时这个区域既定的规划是拆掉原有建筑，重建成新的电子城，因而入驻的机构和艺术家在这个区域发展的风险很大。正是由于这种危机感，促使区域内的艺术家和机构在2003年开始举办大量具有较大社会影响力的艺术活动，如“越界语言”、“再造798”、“蓝天不设防”、“左手与右手”中德艺术家联展等，希望拓展这个区域刚刚开始兴起的当代艺术热潮。“再造798”首次以艺术的方式，使艺术家自觉保护和发展艺术区的意愿得以向社会公开化。由于这种意愿单方面地来自于艺术家，当时没有得到798的业主“七星集团”的认同。之后的“萨斯”到来没有使798的艺术家们退缩，在以大规模的艺术展“蓝天不设防”积极介入社会生活事件的同时，798艺术家也在显示共同的价值认同。“左手与右手”艺术展，是798艺术区第一个大型国际艺术展，使798的国际当代艺术形象得以凸现。正是由于2003年这一系列艺术活动所体现的798艺术机构和艺术家同社会公共关系运作的成功，为日后“大山子艺术节”做了很好的铺垫。

798艺术区的确立，“大山子艺术节”是功不可没的。2004年在黄锐、徐勇等人的发起组织下，早期进入798艺术区的机构如“百年印象”、“二万五千里长征文化传播艺术中心”、“仁俱乐部”、“空白空间”、“北京季节画廊”、“三版工坊”、“3818库”、“阔设计俱乐部”等与区内艺术家共同参与“第一届大山子艺术节”，首次在北京完全以民间的力量创

栅格系统是一套网格辅助设计系统，可以帮助我们确立元素间的联系，也可以帮助我们建立统一的版式样式。尤其对于书籍设计，版心的设定、页眉的确立、标题的位置、标注的安排都是借助设计师制定的栅格系统得以贯彻，每一页面既要服从栅格的布局，又可部分突破，从而创造系统而富有变化的版式构成。通过本页案例的比较，大家可以看出设计对网格的运用与突破。

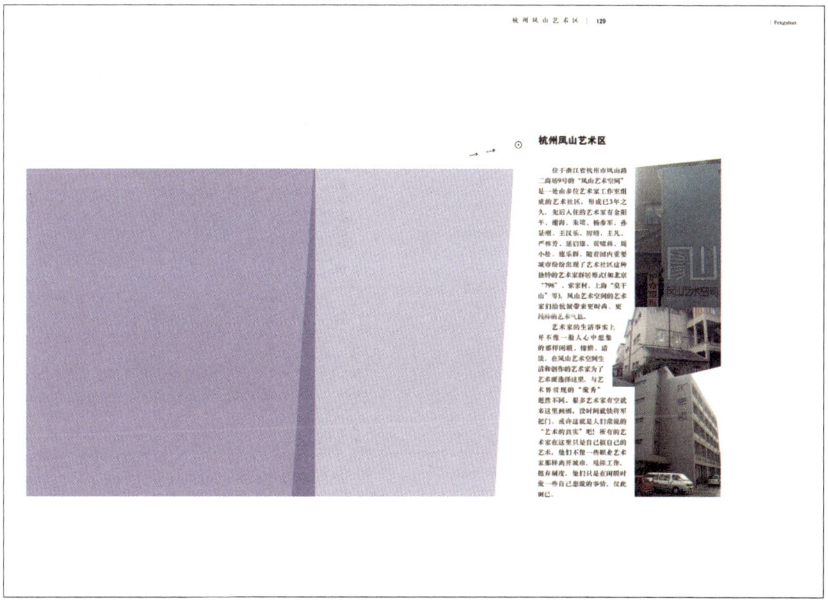

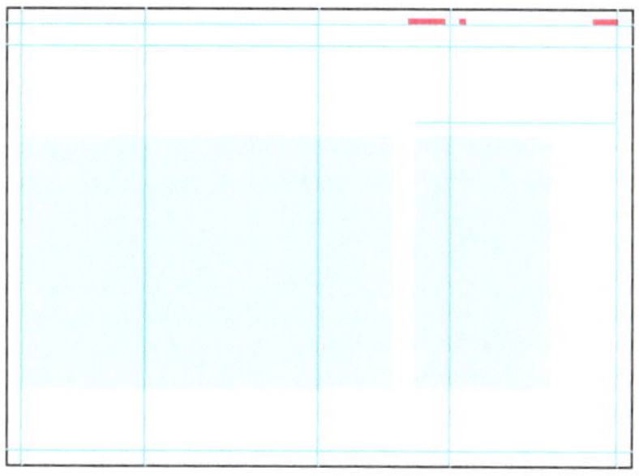

▲《中国当代艺术生态》内文比较 张爱民

3.1.3 视觉关系

所谓视觉关系是指版面中的各个元素所形成的视觉联系。版式设计中，元素的位置摆放都应考虑与其他元素寻求联系，尤其是尽可能符合网格关系，网格在应用中并不真实呈现，但却是我们进行版式设计的重要参照。因为眼睛具有很强的主动组织和选择能力，位置相近、方向趋势一致、相互呼应、字形统一的元素往往被视为一组，即信息元素可以依据内容进行编组，形成群组关系，当一个群组被视为一个整体时，视觉往往以一个元素的形象与其他单独或群组元素进行组合，从而形成较概括、单纯的节奏。如一曲动人的交响乐由各种管弦乐曲交响构成，而每一单独管弦乐曲也都有其美妙节奏，整体构成必然是各部乐曲的有机组合，每种乐曲之间都必然有其联系。

优秀的版式构成正是一曲美妙的视觉“交响乐”。不管元素的距离有多远，任何元素间一定是有关系的。局部元素构成群组元素，群组元素构成位置、体量的联系与变化，从而便形成美妙的视觉音乐。

▲ 保时捷default版面元素间联系分析

▲ 2009世界设计大会推广海报视觉关系分析

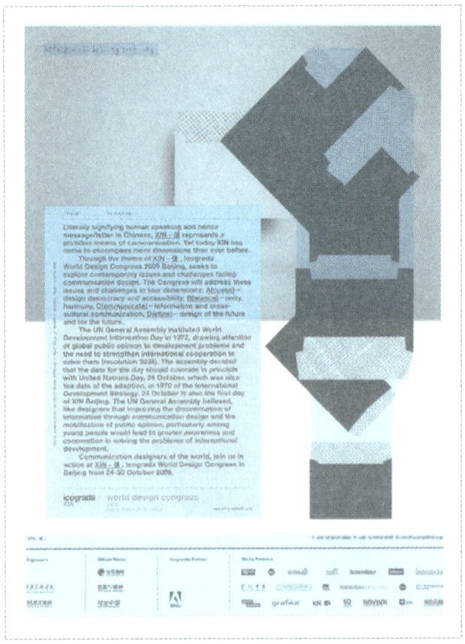

▲ 2009世界设计大会推广海报元素群组分析

3.2 三个苹果的启示

不管是绘画构图，还是版式构成，艺术层面追求的目标都是将元素有机地组织，形成美妙的视觉节奏，给人美的享受。绘画构图中三个苹果原理能够给我们以启示。

3.2.1 绘画中的苹果原理

绘画构图是每一个初学者必须掌握的，也是任何一位有成就的艺术家终身思考与磨炼的内容。作为初学者，老师总会通过三个苹果的练习培养学生的构图能力，解释构图的基本原理。三个苹果在画面中如何摆放？水平等距的摆放，有秩序，但死板；垂直等距摆放，挺拔，但缺乏空间感；倾斜摆放，有一定动感，仍没空间感；前后遮挡摆放，有空间，但拥挤……三个苹果的练习能让我们很好地体会秩序、空间、节奏、动感等视觉美感的各个因素。

苹果的摆放无非左中右、上中下、前中后、大中小和倾斜方向的处理，在这些基本原理中包含着位置、空间、透视、间距、比例等因素的无穷变化，以及由此产生的节奏、空间、动感、张力等方面的心理感知。

▲ 等距直线的组织方式

▲ 倾斜等距的组织方式

▲ 散点的组织方式

▲ 大小、疏密的组织方式

▲ 景物　塞尚

被称为“现代绘画之父”的后印象主义大师塞尚画了大量以水果为内容的静物作品，作品深深地打动了世人。打动世人的并非水果准确的外形和稀缺的品种，而是漂亮的色彩和元素的秩序构成！塞尚的成功，得益于他摆脱了真实再现客观事物的思想束缚，他总是能动地调动画面中的每一个元素，让它们成为构成节律的“音符”，不仅呈现鲜艳的色彩，同时构成视觉关系的“交响乐”。塞尚的艺术贡献不仅表现在对现代艺术的启蒙，更是推动了“视觉音乐”意识观念的形成，对现代设计审美意识有重大影响。

3.2.2 视觉节奏的营造

版式节奏不仅仅是为了满足视觉美感，而且包含着阅读顺序及视觉吸引的功能。前两章所讲的信息内容主次分明、条理呈现已经具备了一定的节奏性。但如何才能达到节奏丰富、视觉跳跃的阅读状态呢？这需要强化信息组织的艺术表现力，强化信息元素的节奏构成。

视觉节奏的掌握可以通过文字编排逐步领悟，节奏练习可分为局部节奏和整体节奏两部分。局部节奏练习是通过对文字的间距、行距、字体的变化，尝试小范围节奏塑造。整体节奏则是对画面中所有元素进行统一布局，以营造版式整体各群组构成的节奏感。实际项目中，设计师应该从大处着眼，细处着手，胸中应该有整体格调与节奏，同时考虑局部细节的变化，由此打造各部分有统一，各细节有变化的“部分配合整体”的节奏乐章。

▲ 波尔图音乐厅海报　Andre Cruz

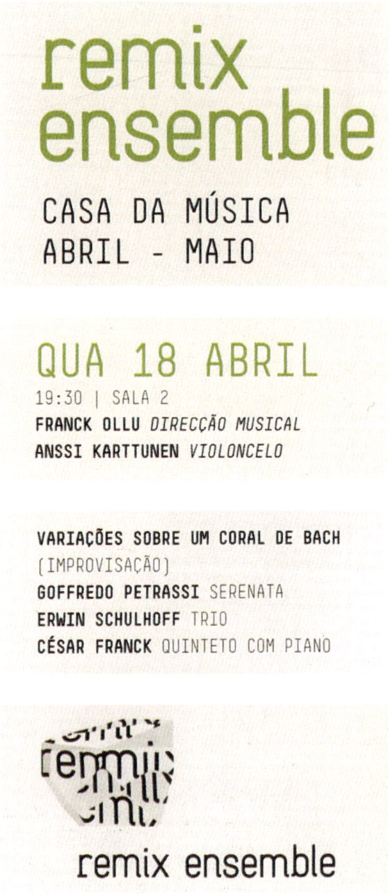

▲ 波尔图音乐厅海报局部节奏分析

▲ 波尔图音乐厅海报整体节奏分析

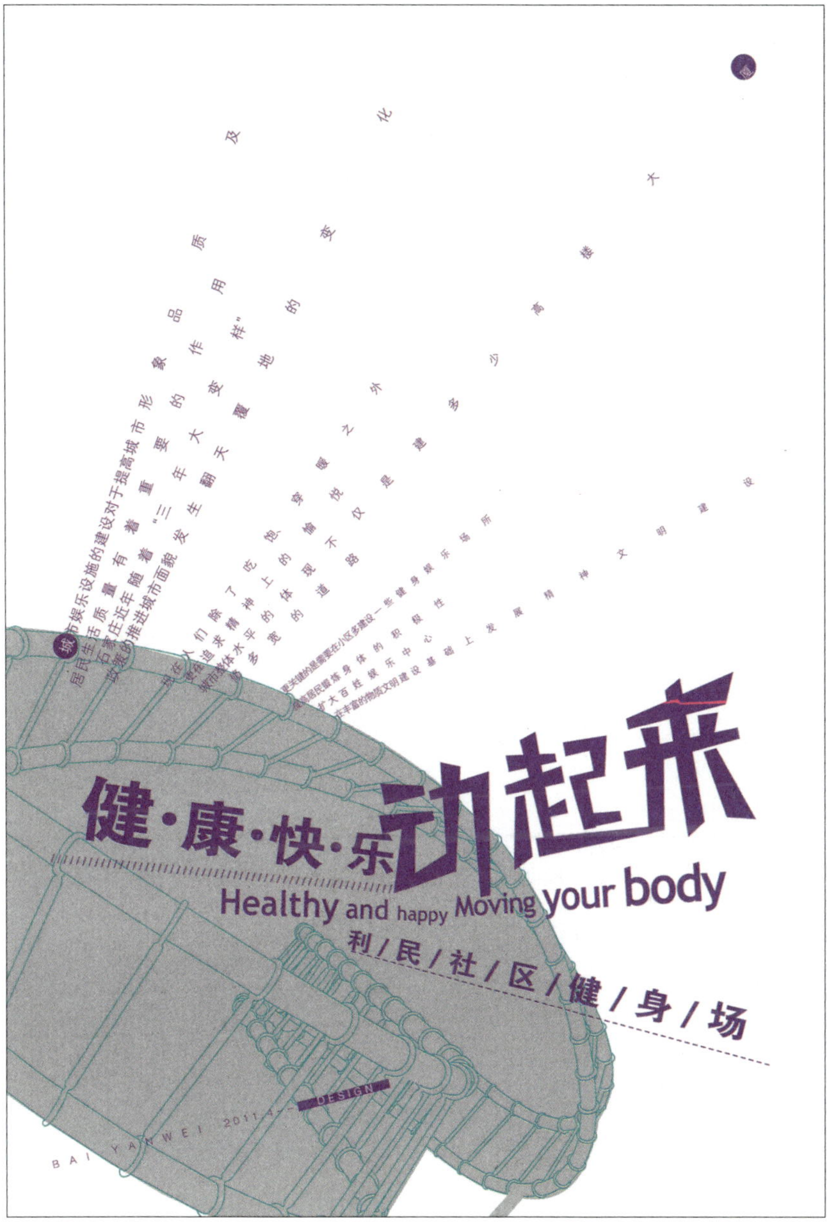

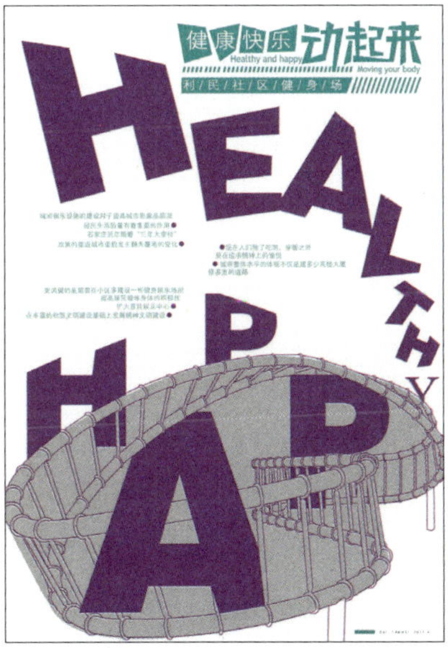

▲ 版式主题创作 白艳维

节奏的核心在于两点：秩序与变化。秩序是塑造节奏的基本要求，文字按一定规律排列即可构成秩序，具有一定秩序的文字也便有了一定节奏。但如果完全没有规律和秩序，则很难产生节奏感。良好的节奏不能是单一的规律，而应该增加多方面的规律组织，即增加变化的因素，包括了字号大小、间距、行距、字形字体、色彩、方向等因素的规律制定，因素间又是变化的，由此才能构成丰富的节奏感。

本页案例即是主题性版式创作。作者围绕“健康快乐·动起来”主题组织了标题、图形、介绍性内容，依据内容对相关元素进行了不同方式的版式比较。每一方案手法不一，侧重点不同，但都具有较强节奏感，反映了节奏营造手段的灵活性与多变性。

3.2.3 由单管乐到交响曲

“三个苹果”并非指真的三个苹果，也并非在绘画中或版式的构成中只有三个元素，而是一个基本原理。绘画创作中，也许会出现五、六……十……甚至更多的苹果或元素，但是不管再多，这些苹果最终依然可以概括为大、中、小三组，依然是解决“三个苹果”的问题，只不过这“三个苹果”中包含了诸多更小的“三个苹果”。版式设计中，需要调动的因素或信息内容非常多，但我们可以通过归类，将内容概括为主、次、从三大类，主、次、从大类中又可以分解同类内容，依据内容又可对相同类别属性的部分建立相同或相近文字性格、大小、间距等方面的处理。主、次、从三类可以分别视为音乐中的单管乐，单管乐自身的变化与节奏构成局部的视觉享受，而由多组动人的单管乐所构成的一定是美妙的交响乐。

在以艺术诉求为主（如音乐海报、美术作品海报）的创作中，图片、文字都成了设计师手中的灵动符号，其大小、位置、方向、聚散、疏密都在服从设计师的指挥，或舒缓，或疾驰，或高山流水，或风花雪月……让版式激起阅读的欲望，让阅读成为一种享受，这样的版式才是成功的设计。

▲ 展览海报　陈晓鹏+刘金得

▲ 展览海报视觉层次与节奏分析

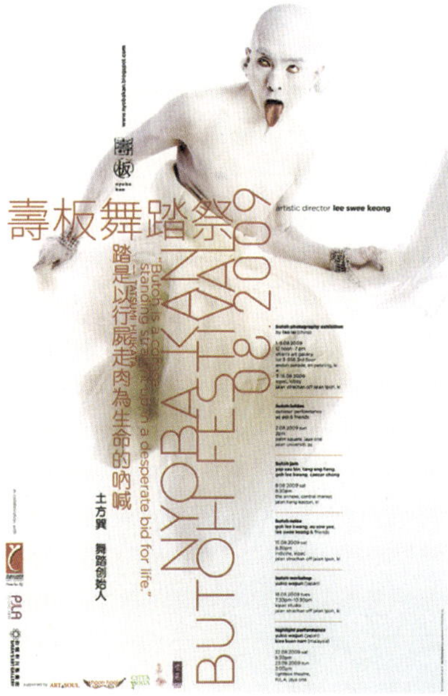

▲ 舞蹈系列海报　Foo Chiwe

舞踏（Butoh）是1959年产生于日本的一种表演形式，舞踏的表象往往是狂野、荒漠、扭曲，透视着人们求生欲死的内在层面，是超越肉身的灵性表达。无论舞者或观众，皆能穿越尴尬的网膜，自我启发，疗愈。《寿板舞踏》则是马来西亚唯一的舞踏团体，自2008年开始举办《寿板舞踏祭》活动。

作为实验性很强的舞蹈，舞踏具有一种有违常规的表现形式，海报中的形象纯粹、怪异、空灵……文字版式的构成则很好地反映了舞踏的艺术个性：精细、错落的标题；横排、直排的混搭；文字与图片的空间组合……构成了一种灵动、丰富、触动神经的视觉阅读过程。

3.3 强力负空间

负空间是指实体以外的空间。我们习惯于将熟悉的、已认知的事物视为实体，将“空白”视为背景。我们在空白背景上书写涂画，书写涂画的内容被视为实体，如文字、图形、图片等。在文字笔画之外，包括笔画框架内及间距、行距所产生的“空白”，被视为负空间。负空间并非可有可无，而是版面构成的重要组成部分。

3.3.1 负空间的真实存在

“空间”两个字之所以为我们识别认读，主要是因为笔画构成的“真实”线条。线条之间的空当一般不被我们关注，仅仅被我们视为底子。但假如没有这个“底子”，笔画也便无法界定粗细、形状。如果我们将文字放大一些，就会发现笔画间的“底子”的形状是那样的动人，假如我们采用反白效果，即将底子设为黑色，笔画成为白色，这时我们怎样判定哪些是实形？哪些是负形？也许这个时候大家才相信“负空间”是真实存在的。

图形与标志设计中经常巧妙地运用负空间制造趣味的视觉效果。正负形的巧妙运用可以构成视觉形象的动态变化，视觉焦点会在实形与负形间不断移动，形成趣味阅读。同时正负形巧妙的结合，大大节约了空间，增强了图形语义的多重性，这也是负空间多受青睐的重要原因。

↑ 比较两图我们发现，上图可以很容易地判断黑色块和黑线条为实形，白色为底图。但下图中，黑色块是实形？还是白线条与白色块为实形？这时就不大容易判定了，就形成了正负图形的转换与丰富的视觉层次。

▲ 红色楔子击打白军　埃尔·李西斯基

↑ 我们对于二维空间及负空间的认识受到了构成主义的重要影响。俄国艺术家埃尔·李西斯基创作的这幅海报成为构成主义艺术的重要代表，我们从中认识到抽象形式的探索，同时很好地认识到二维空间和负空间的象征意义：黑白空间的分割与圆形负空间不仅产生了极强的视觉冲击力，还是革命斗争趋于胜利的象征。

▲ 负空间的真实存在

3.3.2 负空间的视觉张力

绘画及版面构成中，元素及结构很大程度上表现为对空间的分割，当一点置于空间中时，除自身形象，自然对空间进行了分割。点的位置恰当与否很大程度要看其分割画面所形成的节奏感。

版式设计中，为增强版面的层次和动感，通过负空间的塑造可获得强效张力。如在设计中出现大面积实体占有，留下较小面积负空间，则形成强烈的压迫感与紧张感；如在版面中营造倾斜的空间则给人强烈的动感与力量感；如出现弧形负空间，则具有极强的方向性和视觉引导。负空间不仅具有极强的视觉张力，很多时候还可以利用负空间制造视觉中心或视觉重点，因为负空间与实体空间巨大的对比与反差或者新颖的“图形”性，经常成为视觉重心。

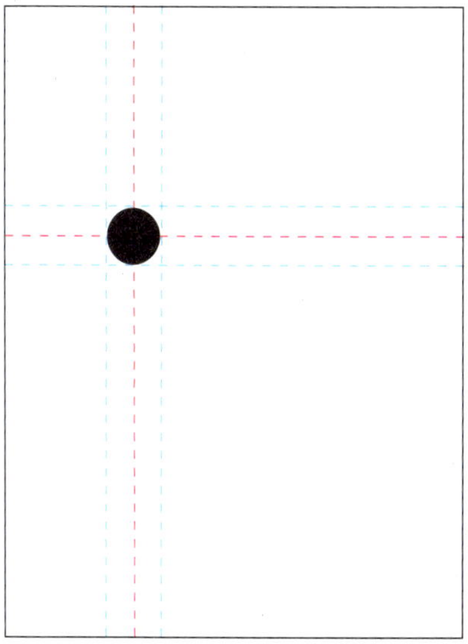

▲ 元素对空间的分割

▲ 讲座海报 张爱民

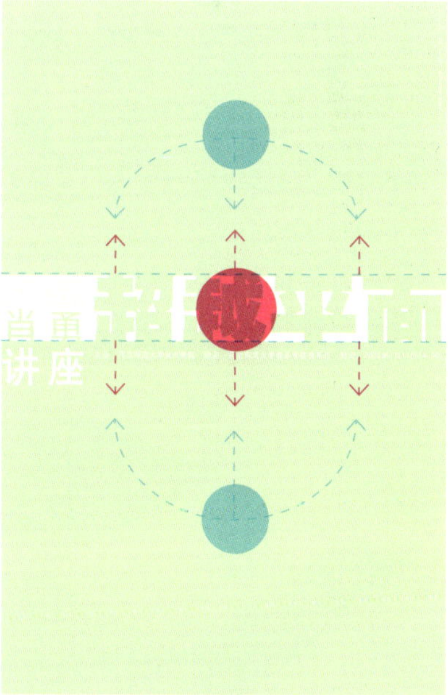

▲ 讲座海报空间张力分析

此海报充分利用了负空间，上下两大色块对中间“负空间”形成了强烈的“视觉压力”，由此将观众的视觉引向主题。而中间的“负空间”在强效压力下又形成同样的“对抗力”，形成主题的视觉张力。相关信息则围绕主标题构成大小、疏密的节奏组合，同时利用正负文字形成空间的层次转换，构成单纯、简约而丰富的视觉阅读。

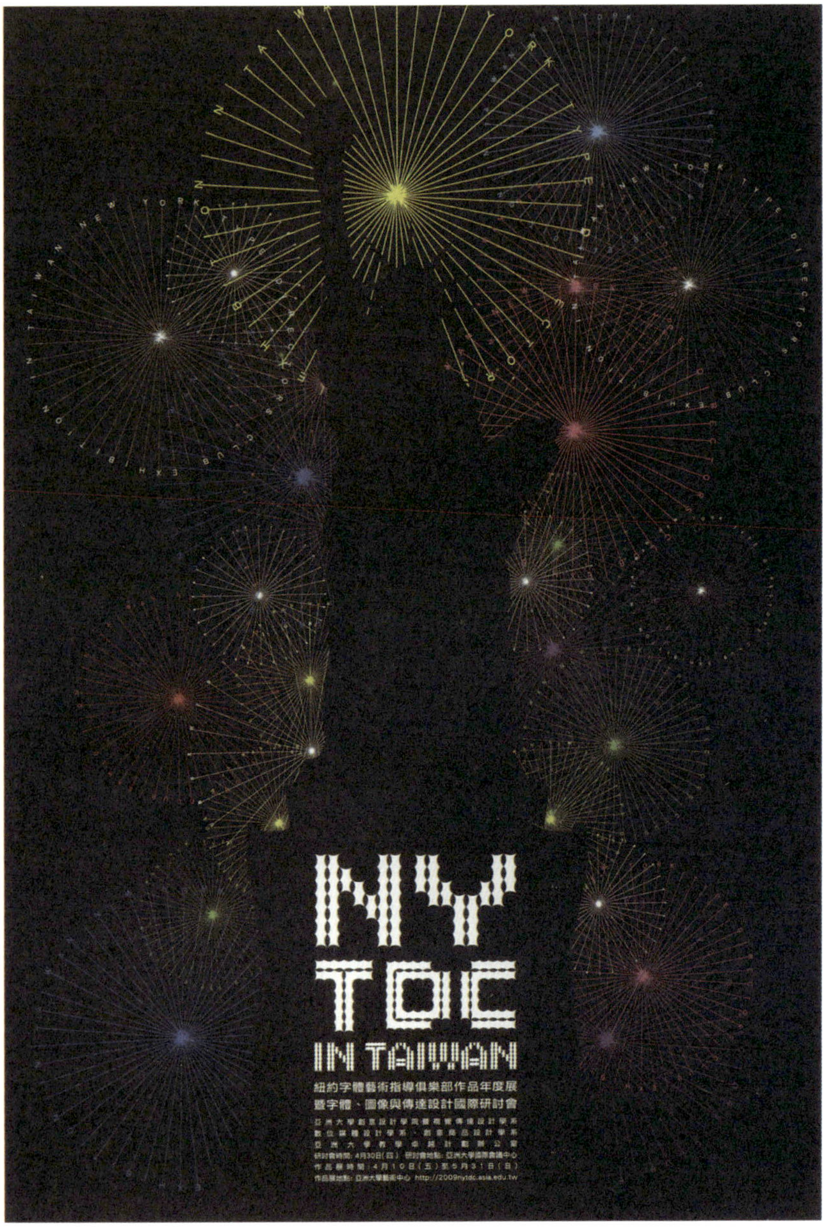

▲ 展览海报　李根在

▲ 海报　Alain Le Quernec

▲ 海报正负形张力分析

▲ 建筑杂志　Takeshi Kuze

↖ 绚丽的烟花图形构成了视觉的第一印象，但随后我们注意到在烟花的簇拥下赫然挺立的“自由女神像”。作者巧妙地运用了负形，并置于画面中心，构成强效的视觉主体。

← 《建筑杂志》以突破画面的图片形成封面的基本格调，出血的图片给人极强的空间压迫感和饱满感。杂志品名及主要信息则占据“强制”构建的负空间，与图片形成强烈对比，不仅视觉突出，而且极具扩张性。而右侧通过切口的回收，形成一段狭长的“负空间”，奠定了整个杂志的形象面貌，同时突显了杂志中的重点推介内容。

3.3.3 正负空间的转换

体量小的文字或图形，笔画与实体具有明确的形状与可读性，被我们视为主体，负形过于“模糊”，往往仅被视为背景。正负空间转换往往指较大的空间对比，如被放大的文字超出页面空间时，因为笔画变得不完整，识别性不是特别突出，这时负空间往往因为新奇更为吸引眼睛，产生强烈的视觉引力，但似曾熟悉的“笔画”又会抢夺眼睛的注意力，眼睛一会儿视“笔画”为实形，一会儿视负空间为“实形”，从而产生视觉的跳动，构成正负空间的转换。

正负空间的转换存在于所有的作品中，只是有些表现不够突出，不被我们关注而已。优秀的作品往往有意识地运用负空间，负空间被关注的基础是负形形象上的塑造，当负空间具有一定形象或易于被人们识别时，便能够吸引人的注意力。负空间能够被关注的另一方法就是与实体形象边线的共用，因为形象利于视觉的选择，便可形成空间的转换，构成趣味的阅读。

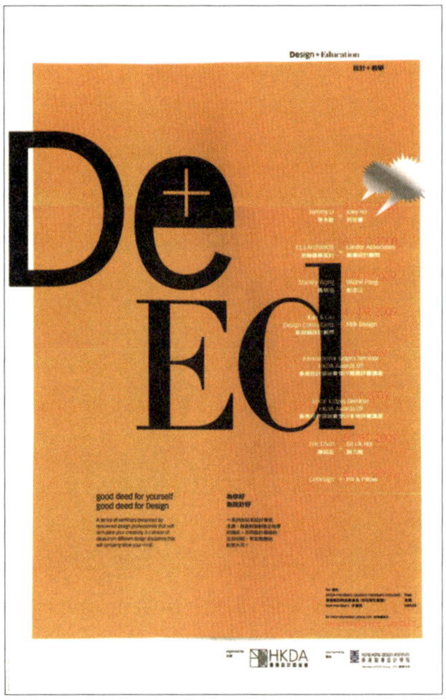

▲ 海报　易达华

▲ 海报　ZWOLE

▲ 电影海报　蒋华

↑ 在看似静谧的画面中却蕴含着作者对空间的灵活掌控：对于图片，下部白色部分很容易被我们视为底，成为“负空间”；而在图片中，人物与自行车成为实体，蓝色部分成为“负空间”。所以，“负空间”并非固定不变，而是相对的。塑造空间转换可以丰富视觉层次与阅读兴趣。

← 当审视整张海报时，白色为底，成为被暗色块挤出的“负空间”。画面中白字又成为实体，暗色块又成为背景，成为“负空间”。看似简单的画面却蕴含着空间的不断转换，从而构成趣味的视觉阅读。

3.4 动态阅读

动态阅读是指能动的、激情的、跳跃的阅读状态。信息传达的基本方式是阅读，如何能够激发观众的阅读兴趣，让阅读成为自然的视觉流动，成为享受，让信息的传达成为观众所渴望获得的，就必须营造有活力，充满动感的版式组合，努力打造动态阅读效果。

3.4.1 文字的动态性

文字作为版式的主体元素自然成为动态阅读的主要途径。在版式设计中，文字不仅是信息的载体符号，更担负着视觉形式塑造的重任。因为文字具有视觉点的特征，我们可以通过文字间距、行距的变化营造不同的视觉节奏，可以通过方向的变化塑造版面的不同势感；通过文字与曲线路径的结合，营造阅读流程的动感；还可通过文字体块的对比，塑造三度视觉空间与节奏……

不管采用何种方法，重点是打造文字的流动性、方向性、强效对比与节奏变化。节奏上的强效变化，必然激发视觉兴趣，激发阅读的跳跃感，让阅读变得充满起伏、跌宕感，必然减少视觉疲劳、阅读乏味状态，使信息的传达不再单调。

▲ 海报　Ellen Lupton

→ 文字的动态编排是版式设计营造动态阅读的主要手段。文字间距、行距的变化可以改变阅读节奏，文字方向的变化同样可以形成动态阅读（如右图案例）。文字方向的变化，既可正常编排后整体旋转，也可利用中文直排与横排混合塑造多种阅读方向，从而达到视觉及阅读的生动性。

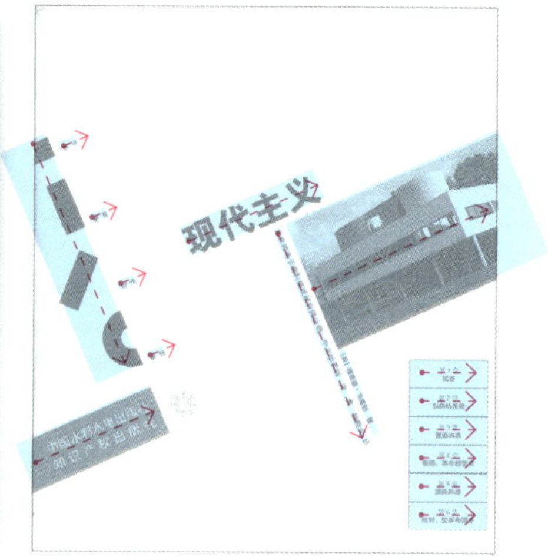

▲《现代主义》封面动态版式分析

▲ 海报 Yokoland

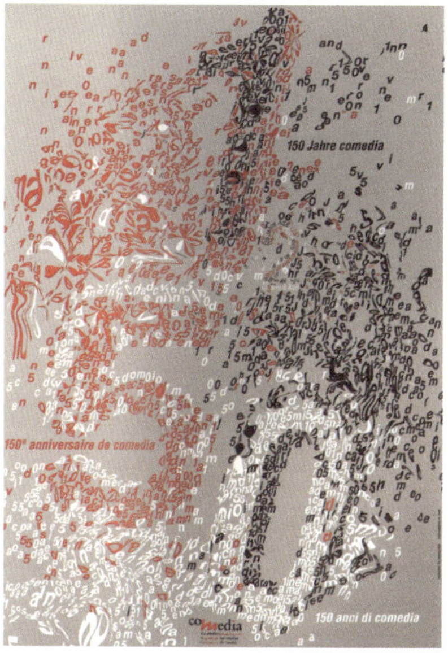

▲ 海报 Res Eichewbeeaer

▲ 耶鲁建筑学院活动海报 Michael Bierut

▲ 文字动态表现（局部）

上面两个案例运用了多个因素塑造阅读的动态性，包括疏密、色彩、方向等，最主要的则是文字形态的流动性。借助徒手书写或计算机技术可以令文字极具流动、舒展、跳跃感，这些状态具有极强的视觉冲击力和动态性，令阅读充满活力与激情。

文字动态表现还包括编排路径的灵活性，即编排格局打破常规的横、直排，而是沿曲线路径自由编排，从而形成灵活的版面式样。当然，文字的动态表现还包括了字形字体及图形、线条的辅助运用，探索新的方法才能推动设计的发展。

3.4.2 图片的动态性

版式能力提高与形式探究主要通过文字练习获得，但现实应用中图片往往成为主体，这与图片强烈、简洁的视觉特征有关，也是信息时代的突出表现。版式设计中，一般都会根据版面空间及内容需要对图片进行适度的裁剪加工。图片动态性的加工主要通过以下几种方法：一、图片构图势感、量感的借用。很多图片的构图有很强势感或量感，具有很强动态感，设计中巧妙利用，可强化视觉流向和视觉主题。二、图片外形的裁切，使图片更富有张力，图片外形更具方向性与动感，与文字结合形成强效的视觉态势。外形的裁切还包括利用ps手段对图片进行抠图处理，让影像主体更为突出。三、图片形式的再造。利用单个图片进行一定形式的裁切组合，或运用成组照片拼贴构成图像“蒙太奇”，产生内容与形式的强效视感与节奏。

图片的再造还包括色彩与对比度的处理。一张图片的质量受拍摄过程中设备、光线的影响很大，在使用中必然需要根据设计要求，适当调整色彩饱和度与色调。色彩饱和度指图片的色彩鲜艳程度，对于静物及花卉图片来讲，饱和度高会使图像更为艳丽动人。设计中，可以对图片局部保持饱和度，周围背景适当降低饱和度以增强对比，营造鲜明主体。色调指图片整体的调性，计算机可以让我们较容易地改变图片的色调，根据需要塑造图片冷、暖、高、低色调，强化图片的量感与整体性，增强图片的感染力。

▲ 图片的裁切及势感分析

▲ 主题海报　张浩

→ 图片自身因构图、结构都有一定势感，使用时需要充分考虑。本案例中，作者对原有图片进行了适当裁切，并改变了图片外形，由此不仅强化了图片自身的势感和张力，更形成了版式整体的方向性与动感，增强了视觉活力与阅读兴趣。

↑ 原有矩形图片缺乏动感，且色彩饱和、亮度较高，人们对于此类图片较为熟悉，无法激发更强的阅读兴趣。通过对外形进行斜向裁切，增强了图片视觉动感。作者又将另一关联图片和黄色块与前图片透叠在一起，不仅增强了图片量感，还增加了图片层次与调性，大大增强了图片的视觉吸引力，提高了观众的阅读兴趣。

▲《中国当代艺术生态》内页 张爱民

↖ 案例右页中仅用了一张图片，但经过不同部位、方向的裁切与组合，给人一种基调统一、变化多样的感觉。通过对一张图片或一组图片的裁切、重组，运用"蒙太奇"的手段，可以获得新奇、丰富、超时空的视觉效果，能够激发起观众的探知欲望和阅读兴趣。

3.4.3 节律布局

曾经有人说：世界上所有艺术的最高追求都是音乐，都是对节律、韵味的追求。这就包括了绘画、雕塑、电影、文学、戏剧、舞蹈……同时也包括了建筑、产品、平面等设计领域。包括版式设计，其中重要的追求目标就是营造形式与结构的节律。

节律是指节奏和韵律，本指音乐的秩序表现，能够给人带来情绪上的美感。人们对节律的钟爱可能来自于自身与自然的节律表现。心理学家们发现了人类的生命节律，自然界中还有着日月节律、潮汐节律、年周期节律等。受各种因素的影响人类产生了对节奏秩序的生理偏爱。表现在视觉上有大小的节律、方向的节律、位置的节律、色彩的节律、形状的节律、空间的节律、位置的节律、距离的节律……

版式设计中，我们可以从单一层面营造节律，如主要从大小因素组织元素，也能给人带来美感，犹如一曲单管乐。优秀的版式设计往往调动多方面、多层次的因素营造多维的节律构成，从而形成丰富的阅读层次与节奏变化，给人宏大的交响乐般的阅读过程，让阅读成为一种享受，从而增强信息传达的吸引力与激励效果。节律作为一种变化的规律和秩序，单一的秩序不能给人产生趣味感，杂乱的状态也不能给人产生节律感，所以在设计中需要把握强弱、主次、虚实的组合关系，不能做成缺乏主次对比、简单乏味，也不能面面俱到、杂乱无章。节律的把握更多依赖个人感觉，无法完全借助于公式、法则，但一些规律与原理可以帮助我们逐步提升感觉，如黄金比率、各种数列……

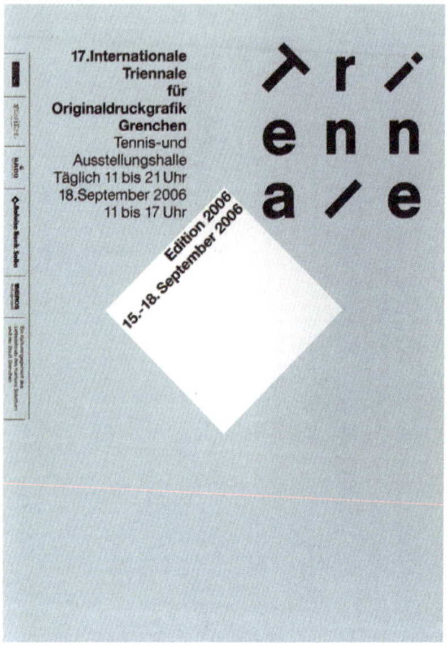

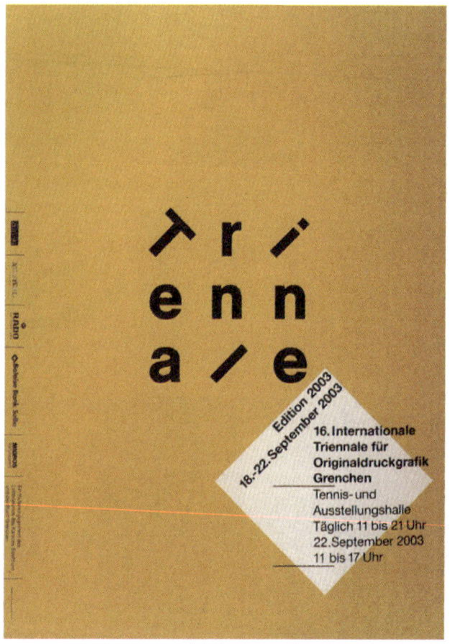

▲ 形象设计　Rosmarie Tissi

形象LOGO简洁而富有变化，每一字母就像一个个强有力的视觉音节。如都为垂直方向则显得单调、乏味，而设计师巧妙地将三个字母旋转了45°，整个标志就变得有了生命力，节律变得生动起来。推广项目则依托LOGO基调，在以横、竖编排为主的情况下，增加部分的倾斜元素，构成了画面单纯而富有变化的视觉节律。

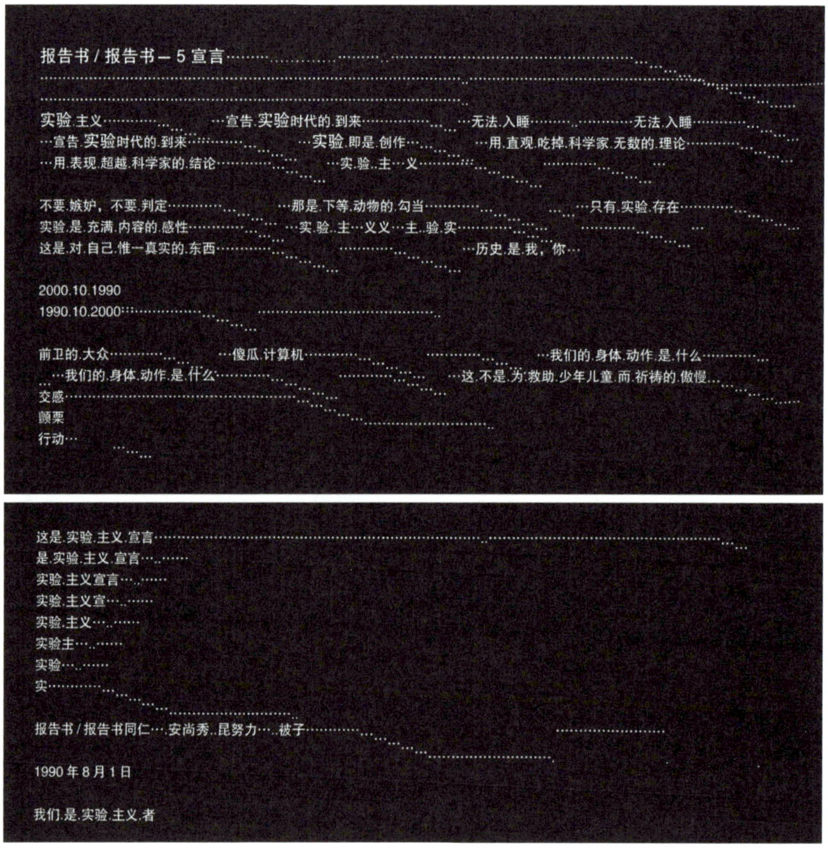

→ 国际著名平面设计大师安尚秀给我们最强烈的印象是他在文字方面的突出贡献。安尚秀先生致力于文字与编辑的教学与创作，推动了新韩文字体的发展，曾带领中央美术学院学生完成编排实验书籍——《艺众》，对中国设计界影响深远。右图是为前卫艺术文化杂志《报告书/报告书》所作版式，文字编排具有极强节律性。

▲ 报告书/报告书　安尚秀

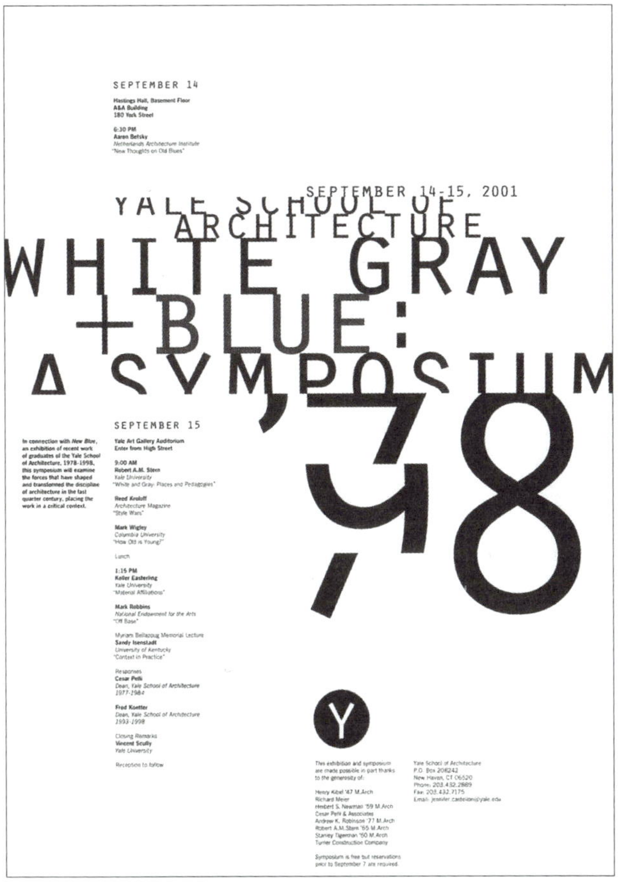

▲ 讲座海报 Michael Bierut

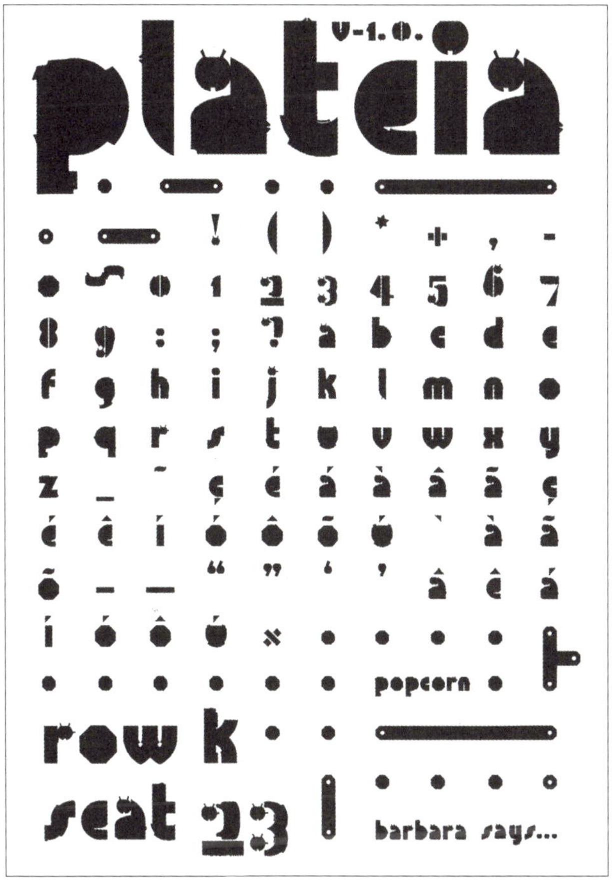

▲ 杂志封面 Portugal

▲ 画册封面 拉库尔讷夫

↑ 杂志封面只采用黑白单色和文字为主的设计方案，看似简单。但借助强效的字形、大小变化及辅助图形，版面依然给人非常强的节奏感：粗壮、醒目、别致的杂志品名成为版面的最强音；数字、字母、符号及抽象图形构建为版面的主体节律；期数等信息则发挥调节作用，与其他元素共同构成铿锵有力，而不乏变化的视觉节奏。

↖ 讲座海报同样采用单色处理，不仅仅为了节约制作成本。单色文字布局，排除了色彩及图形的干扰，让视觉更加单纯、充分地感受、体会节律的变化。主讲嘉宾及相关信息通过文字大小、疏密、裁切的处理构成了版面节律丰富的视觉主体，其他阅读信息则以较小的体量和规范的排列成为主体的衬托与补充。

← 节律格局也并非都是一个个强音节的组织，更多通过字体与文字体块的变化营造强弱有致、抑扬顿挫的视觉节奏。本案例中，画册名称粗壮有力、长短不一构成秩序而变化的节律感，其他信息则依据基本网格编排，但通过字体及大小的变化形成丰富的节奏。

3.4.4 视觉交响乐

视觉的音乐来自于元素组织规律与空间分割节奏。版式设计的层次从功能的基本实现——信息的准确传达，到顺畅阅读的营造体现了以人为本的科学组织特点，而达到视觉交响乐的层次则是满足人们审美需要，追求艺术表达的层次目标。

在信息爆炸的社会背景下，能够塑造顺畅阅读、主题突出、视觉冲击强烈的版式则能够获得信息的有效传达。当多数信息都能基本完成有效的传达时，进一步提升信息传达的高效性，则需提高版式设计的艺术性，让阅读成为享受，让阅读成为美妙的视觉流程。可以说，视觉的交响乐是版式设计的高层次。

如前所述，视觉的交响乐是由元素组织的各种节律构成，也由空间的节律分割构成。正如格式塔理论认为，美妙的视觉是由形状、大小、色彩、构成、方向……一层层的节律有效地组织在一起形成的宏大篇章。对这种视觉趣味的追求，现在较多的存在于版式实验或艺术创作领域。但随着消费者欣赏水平的提升，随着人们精神层面追求目标的提高，版式的艺术表现与交响乐般的目标追求会越来越多。

▲ 形象包装　Rosmarie Tissi

▲ 家居海报　Werner Jeker

↑ 瑞士的平面设计以“严谨的理性节律”著称。Werner Jeker先生为家居商场设计的海报突显了这一特点。海报中的元素有限，只出现一把座椅、抽象符号和文字信息。座椅色彩与结构构成海报第一层节奏；抽象符号视觉冲击强烈，以相同形态和不同的方向构成第二层次节奏；信息文字以大小、色彩、方向的变化构成第三层次节奏。三层元素形态既有变化，也有联系，从而形成格调统一，节奏变化丰富的交响乐般的视觉享受。

↖ 左图中形象设计与应用推广同样是瑞士设计师的作品。作品中并未出现过于繁杂的元素，而仅以字母与符号构成。设计师用色彩建立了三层视觉关系，又借助字体、方向、大小的变化将节奏变得更为丰富。即使只用文字（字母或笔画），同样能够构建交响乐般的视觉阅读。（节奏层次分析见下图）

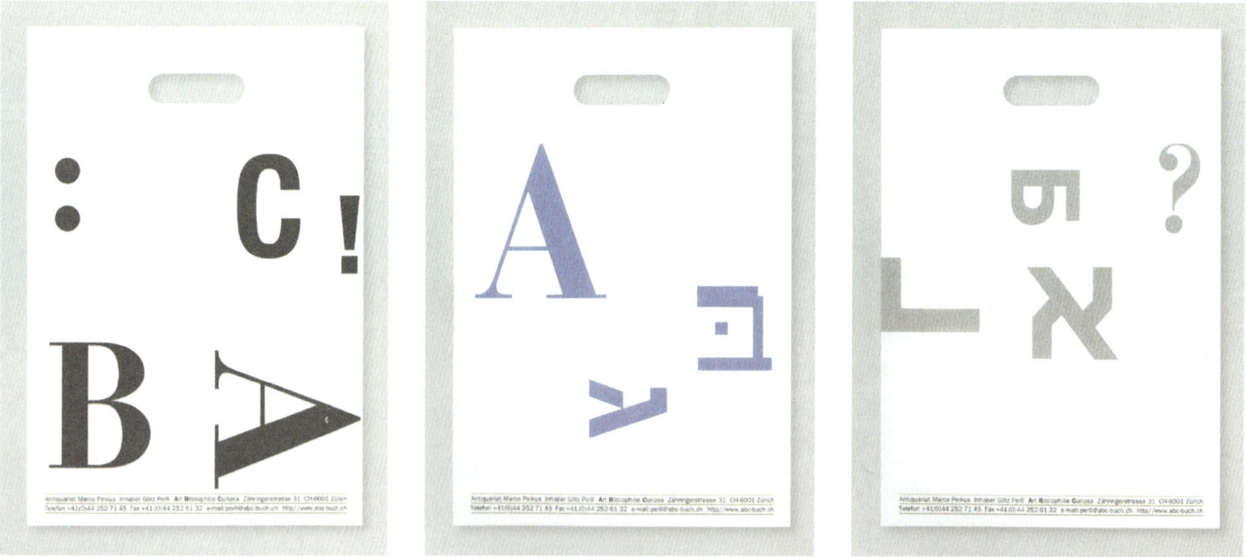

▲ 形象包装节奏层次分析

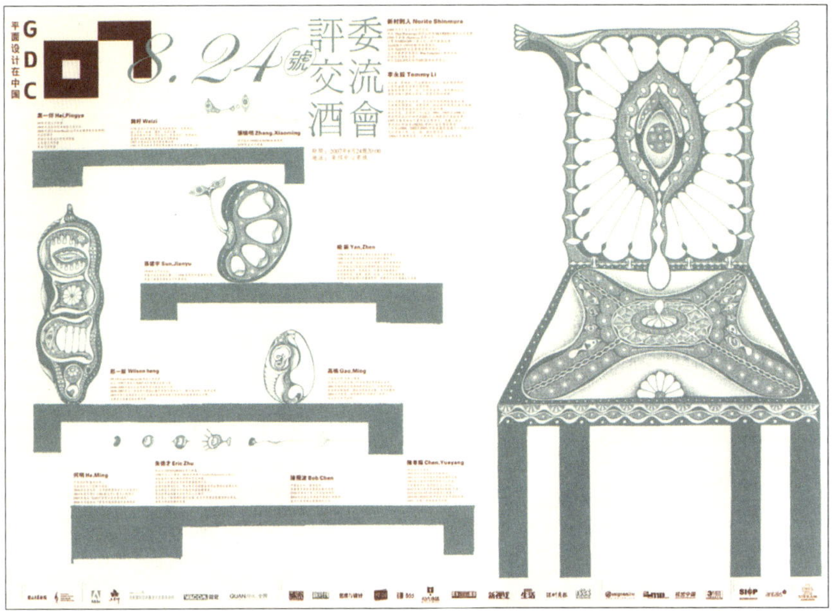

▲ GDC评委交流酒会 张晓明

▲ 新媒体艺术节 milkxhake

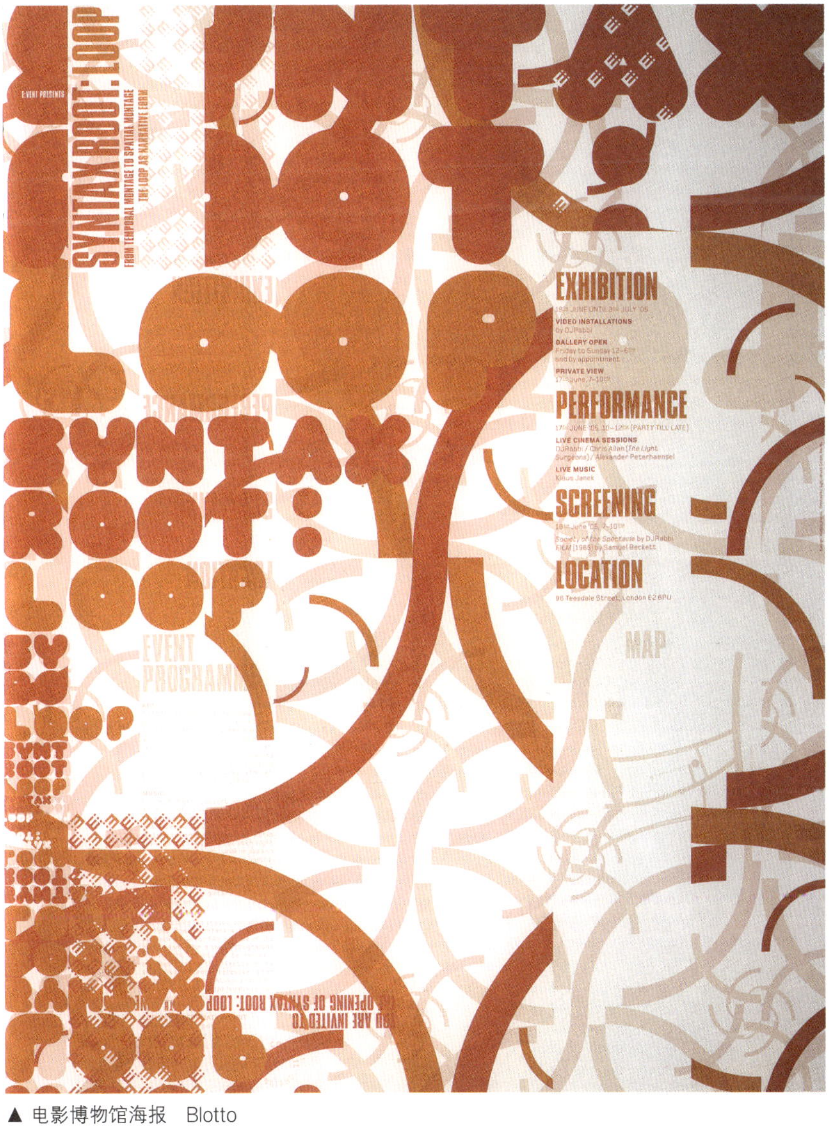

▲ 电影博物馆海报 Blotto

▲ *IDN*杂志推广

↑ *IDN*杂志历来以自由、个性、创意著称，其版式构成极具跳跃性和活力。本期*IDN*杂志推广以图片构成纷繁、丰富却又有序的视觉，彰显了其风格面貌。而文字却以周正、常规的面貌出现，与背景图片形成鲜明对比。

↖ “视觉交响乐”是一种比喻，是在版式中建立丰富的视觉层次和节律秩序与变化。设计过程中仍需确立视觉主体和信息主题，围绕主体或信息主题建立梯队的层次呈现，并特别注意元素间统一因素的应用。海报以突显主题和设计师介绍为主要目的，主标题以粗壮与优雅融合的面貌呈现，十三名设计师介绍形成了版面的动态性，具象与抽象图形的介入丰富了版面节奏。为避免产生杂乱状态，设计师通过色彩与结构网格将所有元素进行了统一。

← 左图案例看似繁杂，但设计师通过颜色的统一和负空间的运用，不仅构建了丰富的视觉层次，激发起观众强烈的阅读兴趣，同时主题也较为突出、明确。

▲ 北欧中国艺术节系列推广　郑晓淳

随着人们生活水平、审美层次的不断提高，尤其是新媒体及技术手段的发展，现代信息传达的媒介与方式也在不断变化，这便要求设计师及时了解、掌握消费者审美心理以及媒体技术的更新，保持旺盛的创造力和全新的设计观念。本案例中，设计师突破了信息传达单一平面媒体的局限，将信息符号与形象延展到包装、标牌等其他媒体中，不仅在海报平面中塑造了丰富的视觉层次，还建立了跨媒介、多维度的阅读过程，构成立体的、跨时空的阅读享受。

课题训练

课题1 主题创作

课题说明

1. 本课题的目的是进一步提高信息层次呈现与节奏组织的能力。同时，锻炼学生关注生活、观察生活、梳理表述的能力。

2. 围绕“我的家乡——城市映像”主题，自己寻找一个关于城市、生活的兴趣点，如“公共交通”“盲道”“导示牌”……。根据自己的观察和思考，整理出主标题、副标题、解释性文字及象征图形或图片。

3. 对所有内容进行分类，确定三级层次。在210mm×297mm空间中进行编排练习，强调内容呈现的层次与节奏。完成五幅作业，并进行比对。

主题创作案例库

★思政训练项目：

围绕“我的家乡·城市映像”主题进行创作，观察城市发展的步伐，感受城市经济、人文和精神面貌的涌动脉搏，深入感知社会主义先进文化的具体表现。

▲ “城市映像”可以有很多切入点

标题与副标题

盲人的眼睛——无障碍设施，体现现代城市的人性化

广告语

普通人不能随便走在盲道上

基本信息

盲道由两种带突起纹路的砖块铺成。有条形图案的称为行进盲道，表示这里可以直行；带点状图案的为提示盲道，它表示前面将有路口、障碍或有地形变化。在盲道的提示下盲人可以找到前进的方向。

盲道本是为盲人提供行路方便和安全的道路设施，但现实中很多人却无视盲道的存在，随意占用盲道，造成盲人出行的不便，更给城市形象抹黑。本海报意在呼吁人们关注残疾人群体，不要占用盲道。

2001年8月1日，《城市道路和建筑无障碍设计规范》开始在全国实施，此规范将城市中新改建的主路必须铺设盲道等作为强制性条款要求在建设中执行。法律委员会建议在这一条中增加一款，四审稿第三十四条第二款这样规定：“城市主要道路的人行道，应当按照规划设置盲道。盲道的设置应当符合国家标准。”

课题引导

1. 城市几乎涵盖了人类生活的所有内容。我们生活的每一座城市都有其性格与特征，或者引以为傲的亮点，或者有待改进的“缺点”。以城市为主题进行观察和思考，可以锻炼我们多方面的能力。

2. 与同学一起到所在城市考察，发现亮点或“缺点”，用相机记录下自己感兴趣的切入点。回来进行思考，可查阅相关资料，梳理出反映主题的标题等内容。

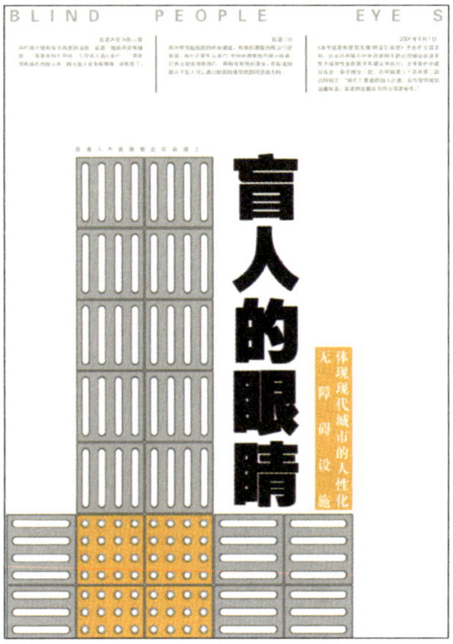

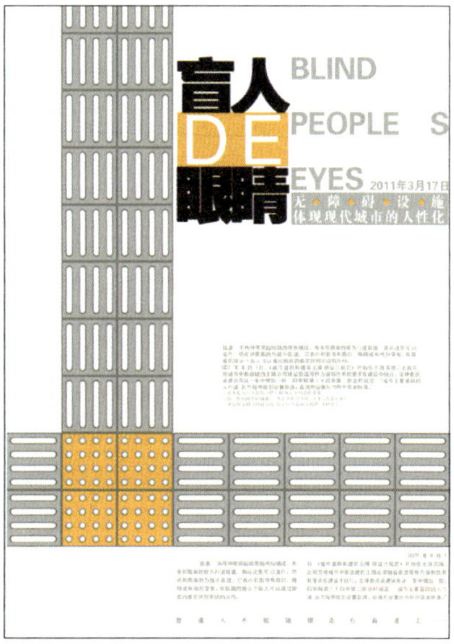

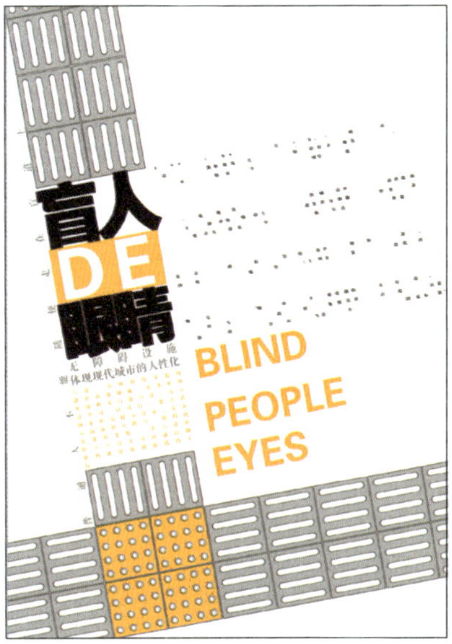

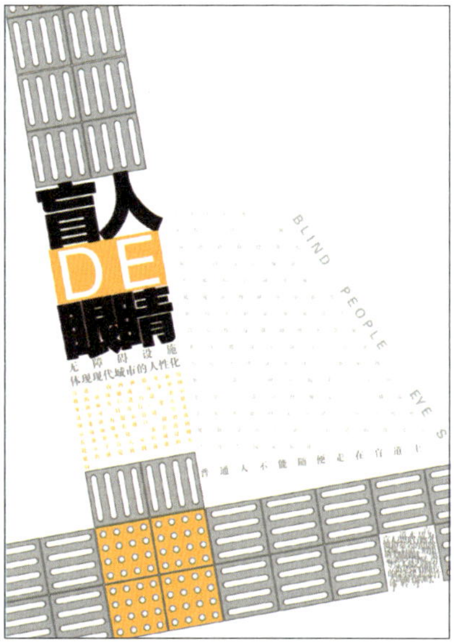

3. 对信息内容进行组织练习，可先易后难、先简后繁，逐步增加信息呈现节奏的丰富性。可直接使用图片或将图片转换为图形。

作者选取了盲道作为表现主题，通过考察、网络查阅和思考确定了主、副标题及其他相关信息内容。练习过程中，作者先从信息的有效传达目标开始，逐步增加变化因素，完成了大量差异性的版式表现。作者也在不断的练习中增强了版式“感觉”，提高了编排组织能力，最后能够很自然地获得丰富的节奏变化，达到了游刃有余的编排水平。

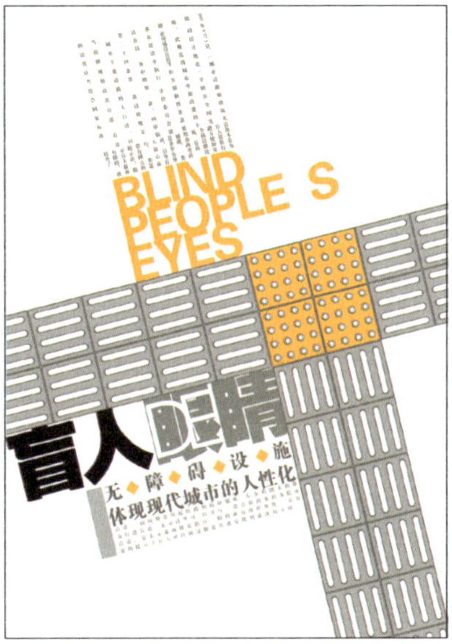

▲“盲人的眼睛”版式练习　李波荣

课题2 灵动的版式

课题说明

1. 本课题训练的目的在于版式动态性表现。通过课题练习，让学生最大程度地认识版式动态表现的意义，提高动态表现的能力。

2. 选择一本国学经典，如《诗经》《论语》《九章算术》《说文解字》……对经典内容做适当了解，选取部分章节进行版式练习。

3. 练习中，要求出现标题、作者、原文、注解等相关内容。编排练习以动态表现为目标，每人至少完成5页关联又变化的版面。尺寸为210mm×297mm，横竖自定。

▲《九章算术》版式练习 李会

现今，在世界一体化进程中，国人越来越重视国学学习与研究。"国学"之名，始之清末，是相较欧美学术之号称"新学"、"西学"而言。一般来说，国学是指以儒学为主体的中华传统文化与学术。传统国学概念包括经、史、子、集四大类，涵盖了儒、释、道、兵、法、墨等百家之说和五术六艺。

国学经典为文言文表述，与今天的白话文有巨大差异，必须有词语注释或译文才能为现代人阅读，这便使文字天然的具有不同层次。且汉文的抑扬读音赋予了经典美妙的节奏感。基于这些特点，选择国学经典作为动态版式练习的媒介非常恰当、有效。这一课题以李会同学所做的《九章算术》为例，给大家展示版式动态与灵动的表现状态。

课题引导

1. 选择经典时尽量不要选择长篇巨论，最好选择短篇小文，这样利于自己掌控。内容确定了，则依照书的格局进行设计：制定基本的版心网格，确定页眉页脚，最好包括前言、目录。

2. 《九章算术》分为九个章节，故目录依据自左而右、自上而下的阅读流程，借助大小图形塑造了动态、自然、流畅的目录页。其他内文则依据统一的版心结构设定页眉页脚，内部内容则结合动感线条形成了整体统一、跨页灵动、变幻无尽的动态阅读过程。

3. 版式灵动并非杂乱无章，版心结构、字体字号、辅助图形、呈现顺序等要素要有一定联系或一致表现。

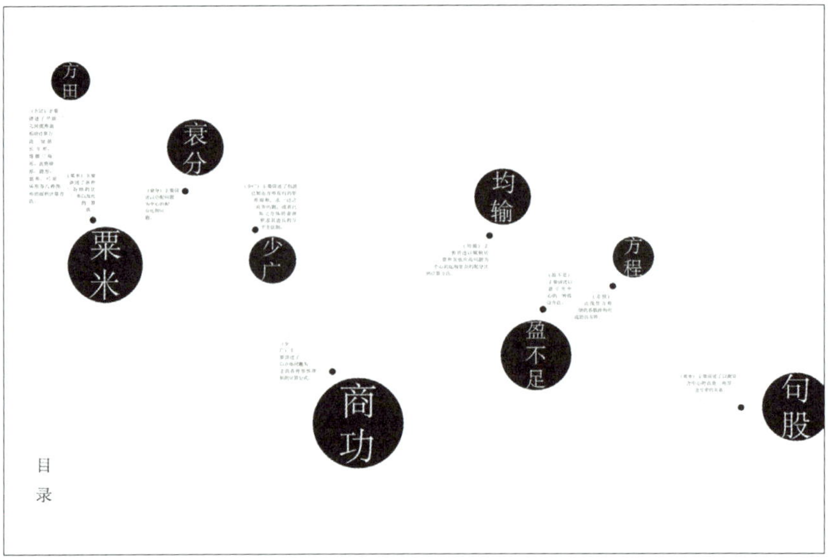

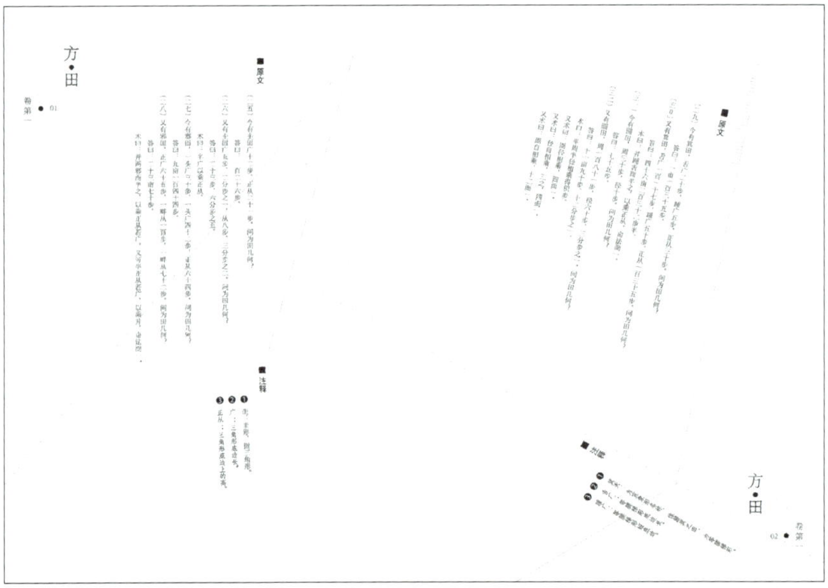

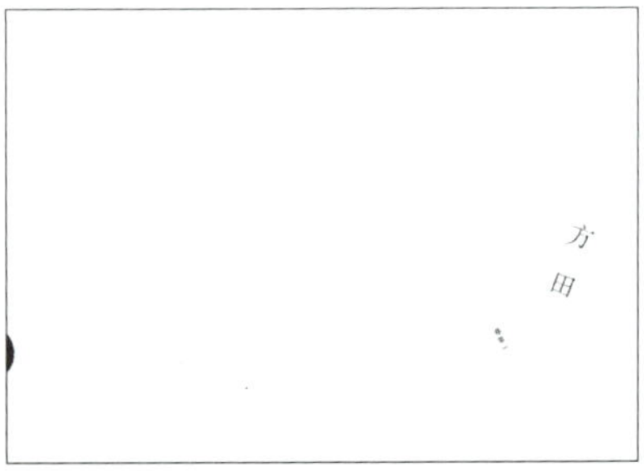

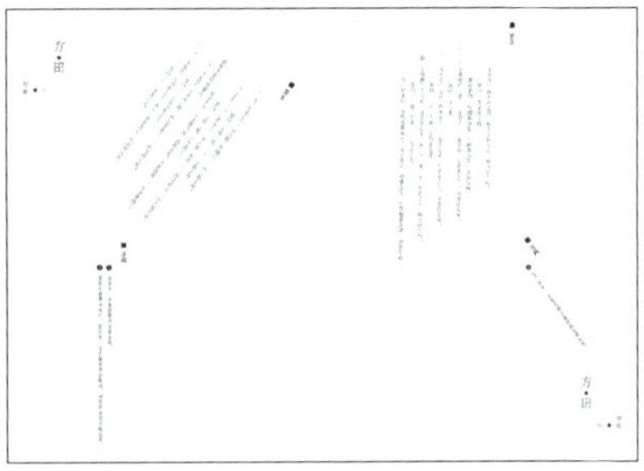

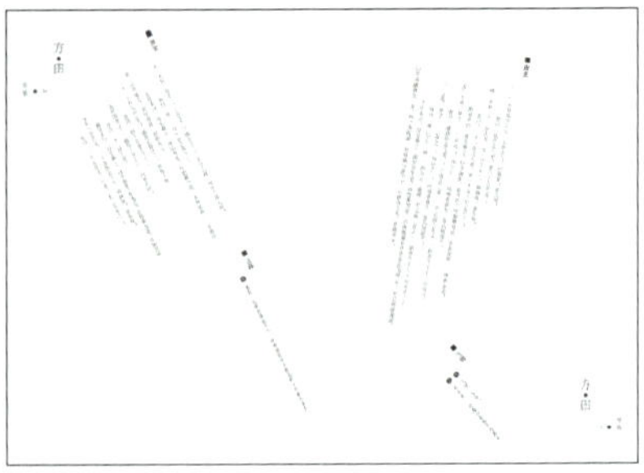

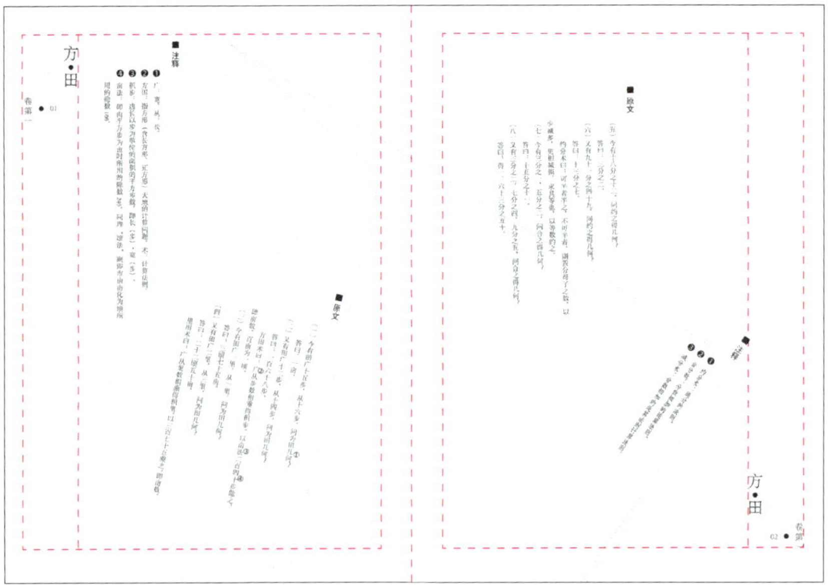

▲《九章算术》版式练习　李会

课题3 “再设计”

课题说明

1. 本单元的学习重点是对空间、节奏、动态版式的理解与掌握，以更多追求版式艺术化表现为目标，努力谋求版式激发阅读兴趣，达成阅读享受的方法与过程。

2. 选择一文化类海报，如电影、音乐、艺术展览或讲座等海报。基于原有尺寸和信息数量进行“再设计”创作，追求视觉冲击力和信息的动态呈现（可对信息元素进行能动性增加与删减）。

3. 搜集实际印刷品（需印制精美）或通过网络寻找自己感兴趣的海报，对原作品进行必要的分析、探讨，确定宣传主题、重点及优劣。（此为可选课题）

▲ 主题海报　霍东方

▲ *IDN*杂志推广

▲ 海报　Leonardo Sonnoli

设计欣赏与点评

▲ WOW应用推广　Shun Kawakami

↑ 阅读节奏不仅来自于元素间丰富的组合关系，还包含了元素与空间形成的强力视觉。“WOW”应用推广在大面积的空间中出现较小体量的LOGO，版面中的元素像一个个铿锵有力的音符。尽管元素不多，但形成了高雅、别致、强力的视觉形象。

→ 本案例中，设计师在标志基础上塑造了各种节奏关系，有的秩序井然，有的渐大渐小，有的简约明确，有的变化丰富……每一图形组合都给人别致的节奏感，整体则构成了形象统一，节奏变化无穷尽的视觉形象。

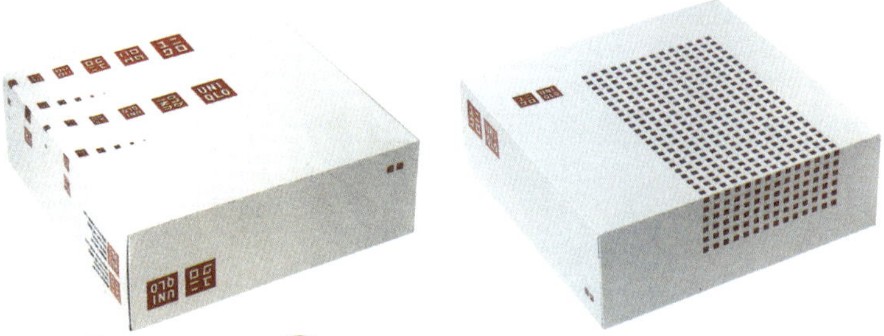

▲ UNIQLO应用推广　石川耕

▲感情与信仰 Mark Liu

▲ 斯堪的那维亚仲夏节 John Gravdahl

▲苏黎世芭蕾 Karl D.Geissbuhler

▲ 媒介活动 Tadeusz Piechura

↑ 负空间的价值表现在三个方面：一是形状，即空间具有形的视觉识别，让人无法简单确定正形、负形，制造视觉的趣味性；二是空间比例带来的张力，正负空间的超强比例反差给人产生各种紧张感；三是空间的转换，正负空间不断转换角色，增强了视觉的趣味性。此案例包含了形、比例、空间转换三方面因素，所以看似简单的设计却隐含着丰富的节律变化。

← 负空间的趣味更多来自于与“正形”的边线共用，由此构成正、负形视觉主题的模糊性，造成正、负形前后关系的变换。“苏黎世芭蕾”的宣传推广即将正负形完美地结合为一个整体，我们无法确定孰正孰负，二者相互依存、共生共在，强烈的旋转节奏突显了推广主题。文字依形相生，黑白结合更增强了正负形的模糊性与转换变化。

▲ 艺术家展览海报　FONTARTE工作室

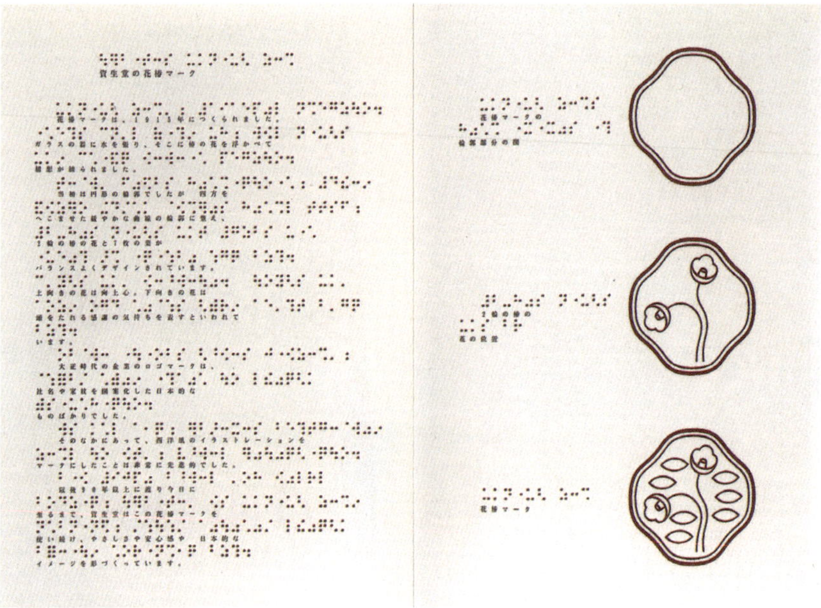

▲ 资生堂推广　桧原由比子+山本茂康

↗ 盲文由点构成，本身具有极强的形式感和节奏感。设计师将日文与盲文结合到一起并行展开，形成犹如五线谱般丰富的视觉节奏。同时，紧张、密集的左页与清晰、舒缓的右页构成明确的节奏对比，令版面整体张弛有序、主题突出。

→ 主标题文字、介绍性文字、图形构成了版面三个视觉层次，三组内容节奏各异、相互穿插、互相补充、强弱有别。设计师仅用单一的色彩就“演奏”了丰富的视觉交响乐，令阅读成为一种享受。

↓ BISS品牌LOGO是由打散的品名字母组成，字母形态优雅、错落有致，并结合相关图形与词组构建了节奏优美、充满动感的品牌形象，给人留下深刻印象。其他标签则以较严谨的组合与品名形成鲜明对比，突显了活力与高品质的产品诉求。

▲ Biss包装　Arthur Schreiber

▲ 耶鲁建筑学院活动海报（局部）　Michael Bierut

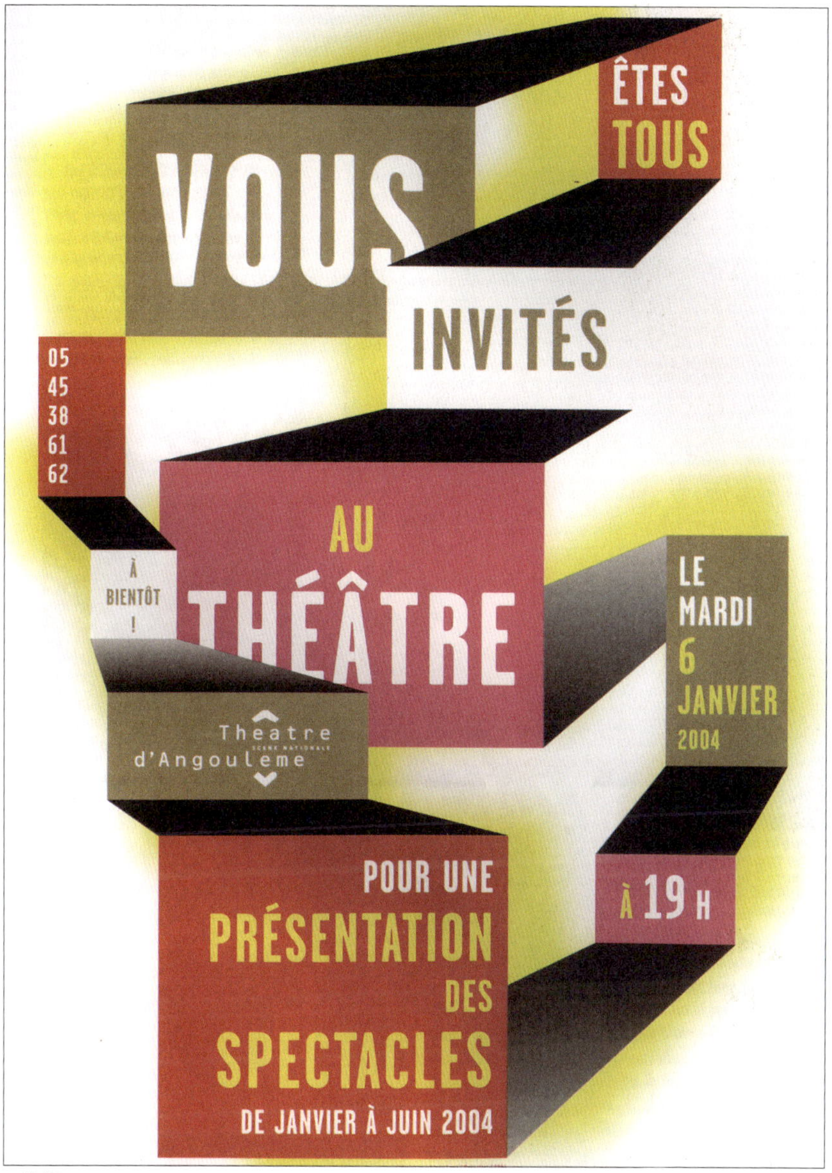

▲海报 Anette Lenz

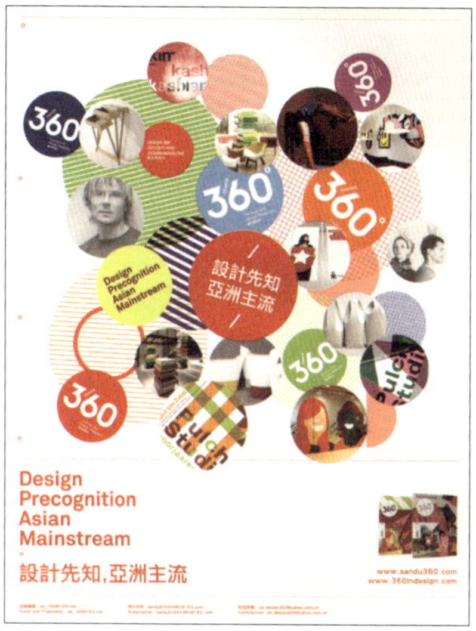

▲《设计360°》杂志推广

▲ 坦克库推广海报

▲海报 Corp.Unit

▲ '08'09海报 Kim Do-hyung

↑ 版式中借助图片或图形营造势感、节奏感及阅读流向是行之有效的方法。《设计360°》杂志推广就是运用图形、图片构建视觉节奏的很好案例。重庆坦克库艺术中心则借用方向性很强的图片重叠构成形象与寓意的巧妙结合，使文字同样具有了极强动感，形成强烈的视觉吸引力。

↖ 借用图形塑造变化多端的透视空间是此案例的最大特点，给观众营造了多维的阅读流向。透视是直观感受，而更为重要的视觉感染来自于变化灵动的节奏组织，大小、远近、疏密构成了无限的动态阅读激情。此海报对国内平面设计观念及创作产生了重要影响。

← 版式的动态表现的重要手段还包括手绘手段的运用，无论是文字的手绘，还是图形或对图片的手绘辅助，因为包含了作者的创作激情，这一激情通过文字、图形便传递给了观众，观众很容易被感染或吸引，产生同样的阅读情绪。左侧两作品即是运用手绘手段感染观众的优秀案例。

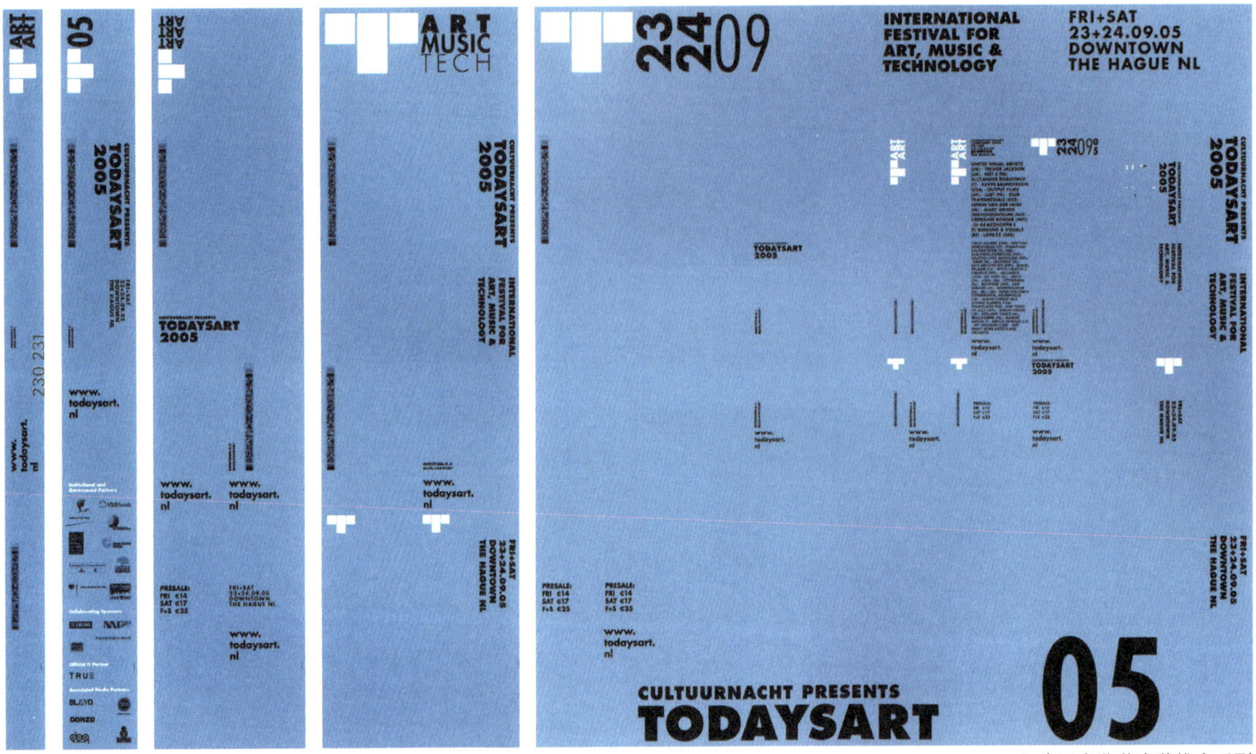

▲ 今日文化艺术节推广系列

↗ 荷兰今日文化艺术节系列推广则是视觉交响乐的上乘之作。大海报（右侧最大者）中各信息元素构成跌宕起伏、纵横交错的视觉观感；其他宣传品则依应用需要设置空间，但依然保留丰富的节奏变化，成为艺术节的推广利器。

→ 节奏的营造最重要的方法是元素体形、大小、长短、位置、方向等方面统一与变化的构成。本案例封面看似式样简单，但由于主题与相关信息体量上的差异巨大，作者、副题等元素与主题字母笔画间联系紧密，从而构成了极强烈、丰富的视觉节奏。内文部分则通过透叠手段，将内容建立起二维至三维的节奏变化，大大提升了书籍的趣味性与吸引力。

▲ Take 2书籍设计　Sam Frith

总结归纳

阅读享受是版式设计的高层次目标，是以激发观众视觉兴趣，吸引观众进行深度阅读为目的。阅读的享受主要来自于版式组织的节律性，节律的体验包含诸多视觉心理因素，“空间张力”“视觉节奏”“负空间”“版式动态”是影响阅读享受的重要因素，掌握这些原理，并通过大量课题练习，我们即可将版式设计能力提高到一个新水平。

第四单元

版式新阵地 · UI

课程目标

UI是版式设计的新阵地，学习了解UI的由来、本质、要点及流程，建立基本的UI意识，掌握UI设计的基本流程，并将版式原理应用于创作中。

基本知识

本单元主要围绕UI的基本概念、设计架构、设计流程、设计风格等较为全面地介绍了UI设计的知识。重点介绍了UI设计的本质、设计规范与设计流程，强调基础技能的掌握。结合UI设计风格、UI版式突破，进一步强化UI设计的本质，强化学生审美意识、文化意识、探索意识的培养，强化学生动手实操能力的提高，努力开发学生创造性思维能力。

课题训练

通过现有UI版式的“再设计”及主题推广海报的课题训练，培养学生的UI设计意识，帮助其全面掌握UI设计方法，提高增强版面表现力与感染力的能力。

知识阐述

我们正面临着一个新时代的到来！大数据、物联网、移动互联、人工智能、智慧城市……滚滚洪流正在改变着我们的生活！视觉设计师正经历着从印刷媒体时代向数字媒体时代转型的胶着期。紧随时代，着眼新领域、学习新技术是每一位视觉设计师的智慧选择。在计算机、互联网、智能手机的推动下，UI成为社会热门话题，更成为设计师所追捧的新型职业领域。那么UI到底是什么？UI解决什么问题？如何学习UI？设计师应该掌握哪些核心知识与技能呢？本部分我们将这些问题一一剥开，带领大学生探寻UI的成才之路。

今天，我们无比享受计算机与互联网给我们带来的生活便利，无比享受智能设备给我们带来的新奇。这些享受必须通过一种“界面”对机器或设备给以指令或互动，这个界面很大程度上影响着使用者的享受感，也影响着大众对机器或设备的选择。所以，“界面”不仅是机器的一个功能，而且是人与机器或产品进行沟通、互动的桥梁，“UI（界面）设计”则是这座桥梁的设计、建造过程，UI设计的优劣直接关系着用户体验感和信任。随着智能应用与设备的快速发展，UI设计成为社会新宠，越来越多的设计师、艺术家转型进入这一领域。个人计算机、智能手机、数字电视、智能穿戴等是现阶段UI设计主要介入的领域。

▲ 生活中各种常见的UI设计应用设备

4.1 UI设计的本质

UI，英文全称User Interface，意为用户界面。User Interface本指人与机器互动过程的界面。比如，密码锁密码区界面即属于用户界面，人们通过输入密码指令，锁根据指令给予我们不同的反馈。所以，广义的UI设计是指人与所有机器交互、操作的界面进行的设计过程。在今天，因为UI应用主要集中在PC计算机、智能手机、数字电视、智能设备上，所以大家自然而然地认为UI是指数字智能用户界面，此外，也特指软件方面人机交互、操作逻辑、图标设计、界面排版、用户体验的整体规划。本部分主要围绕计算机和智能手机用户界面进行学习和研究。

▲ WP8手机桌面

WP8桌面是专门为Android系统推出的一款完全自定义风格的桌面美化应用。与市面上其他手机桌面软件最大的不同是不仅完美继承了WP系统的风格，更将编辑拓展功能发挥到极致，通过WP8桌面强大的磁贴DIY功能，可以让用户自定义成任何界面风格，结合安卓与WindowsPhone两大移动操作系统的优势，无需更换手机即可体验WindowsPhone的魅力，WP8桌面还提供丰富的桌面插件，覆盖用户日常使用手机需要用到的所有功能，非常实用。

▲ 京东App2018年春节UI设计

▲ Apple（中国）官网UI设计

4.1.1 UI的由来

UI的热潮，大家普遍认为起于2007年iPhone手机的出现。其实不然，UI的发展也经历了相当长的时间。1973年施乐公司设计出Xerox Aito用于研究机构和大学中，揭开了计算机图形界面的新纪元。在而后的40年中，以微软和苹果为代表推动着计算机图形界面快速发展，从最初的单色发展到多色、无限色，从像素图标发展到投影图标、3D图标、金属图标、透明图标！计算机界面的体验感越来越舒畅、现代、自由！人们越来越享受并关注图形界面的形态和美感。由于这些传统图形界面由各大行业巨头研究开发，一般设计师无法介入其中，直到苹果手机的出现。

2007年6月29日，包含了通信、相机、媒体播放、个人数码助理功能的iPhone手机上市，这是伟大的创举！人们从此开启了新的生活方式，伴随Apple Store手机应用的普及，UI由系统图形界面转向系统应用用户界面，UI成为企业、产品、服务与消费者沟通的重要途径，也成为普通设计师工作的可能。视觉设计师开始真正由印刷时代步入数字时代，开启了新的历史征程。

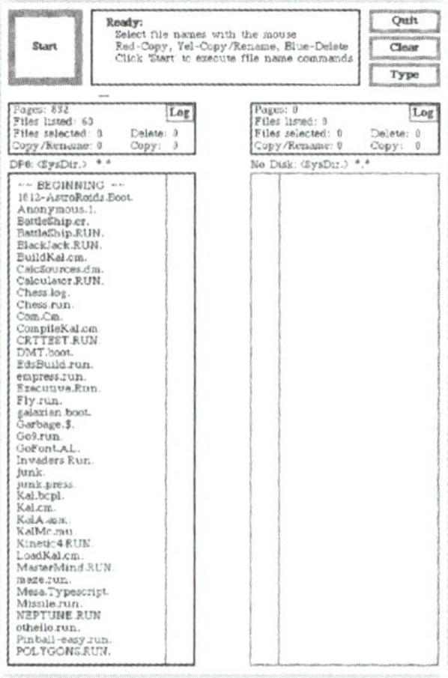

↑ 1973年，PC机上的第一个图形界面・Xerox Alto开启了计算机图形界面的新纪元。

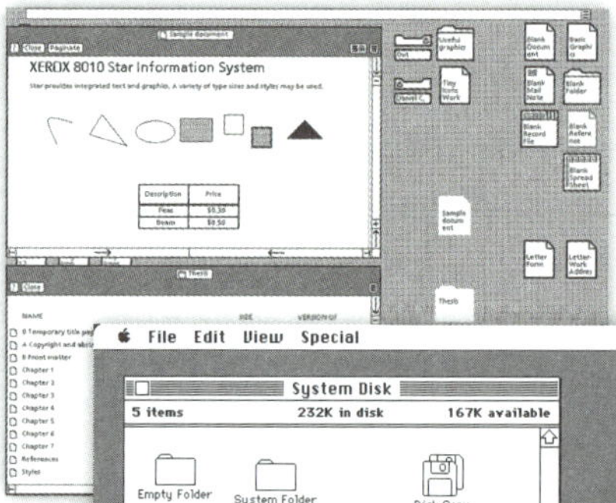

↗ 1981年，第一个完整地集成了桌面和应用程序以及图形界面的操作系统・Xerox 8010 Star。

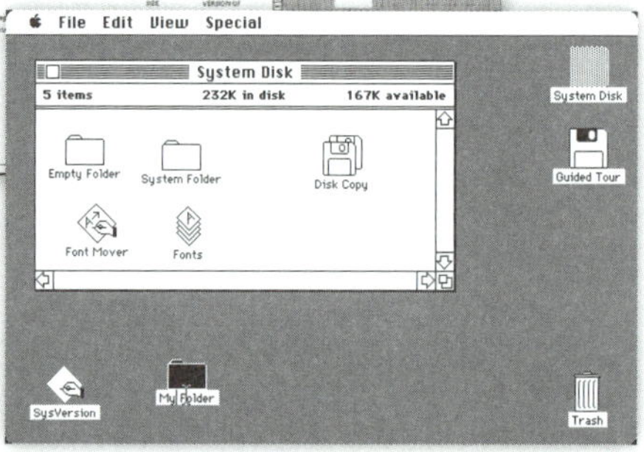

▲ 第一个划时代的图形界面・Mac OS System 1.0

▲ 助推微软走上了帝国之路・Windows 95

▲ 2001-2005年，苹果推出平滑半透明图标成为时尚・Mac OS X

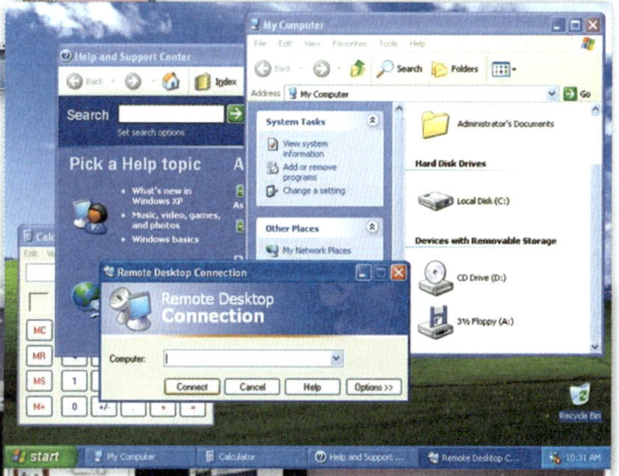

▲ 2007年，苹果引入更好的3D元素和大量动画・Mac OS X 10.5 Leopard

↗ 2001年，微软推出Windows XP，用户可以改变整个GUI的外观与风格，默认图标为48×48，支持上百万种颜色。

→ 自施乐公司于1973年设计出Xerox Alto，便开启了计算机图形界面新纪元，也开启了人机界面新纪元。在而后的四十多年发展中，随着设计观念、显示技术的提升，人机交互界面发生了翻天覆地的变化，以苹果、微软为代表的行业巨头把界面与用户体验作为公司的核心驱动力，投入大量人力进行开发研究，也一次次惊艳了大众体验，引领了时尚潮流。这些巨头进行的都是计算机底层的系统界面设计研究，普通设计师无法介入，智能手机出现后这种局面得到终结，UI设计的春天来啦！

4.1.2 UI的本质

UI实际上是信息交流的一种载体。

我们首先需要了解UI的特征及其与传统媒体的差异。人类信息与知识的交流、传播走过了图画、文字、印刷、数字的历程。今天，我们正从印刷媒体时代向数字媒体时代转型，印刷媒体的视觉规律与数字媒体的用户体验交织发展。印刷媒体的特征是二维、材料、现实空间，所有信息附着在纸、布等材料上呈现为平面、线性状态。即便不在一个平面上，也是通过翻阅等方式感受真实空间的联结。UI不同，它是基于二维屏幕建立起来的具有前后层关系的“立体”信息空间，每一个展现页依然是二维的，但通过链接这一方式，建立了宏大的信息关联体，信息的呈现整体是三维的、网状的。更为重要的一点，是信息沟通的即时性，我们任何的反应都能即时传导给后台，也能得到后台的即时反馈。这便极大地提高了交流的便利性。这种信息交流的过程属于UI的重要组成部分——交互设计的工作。

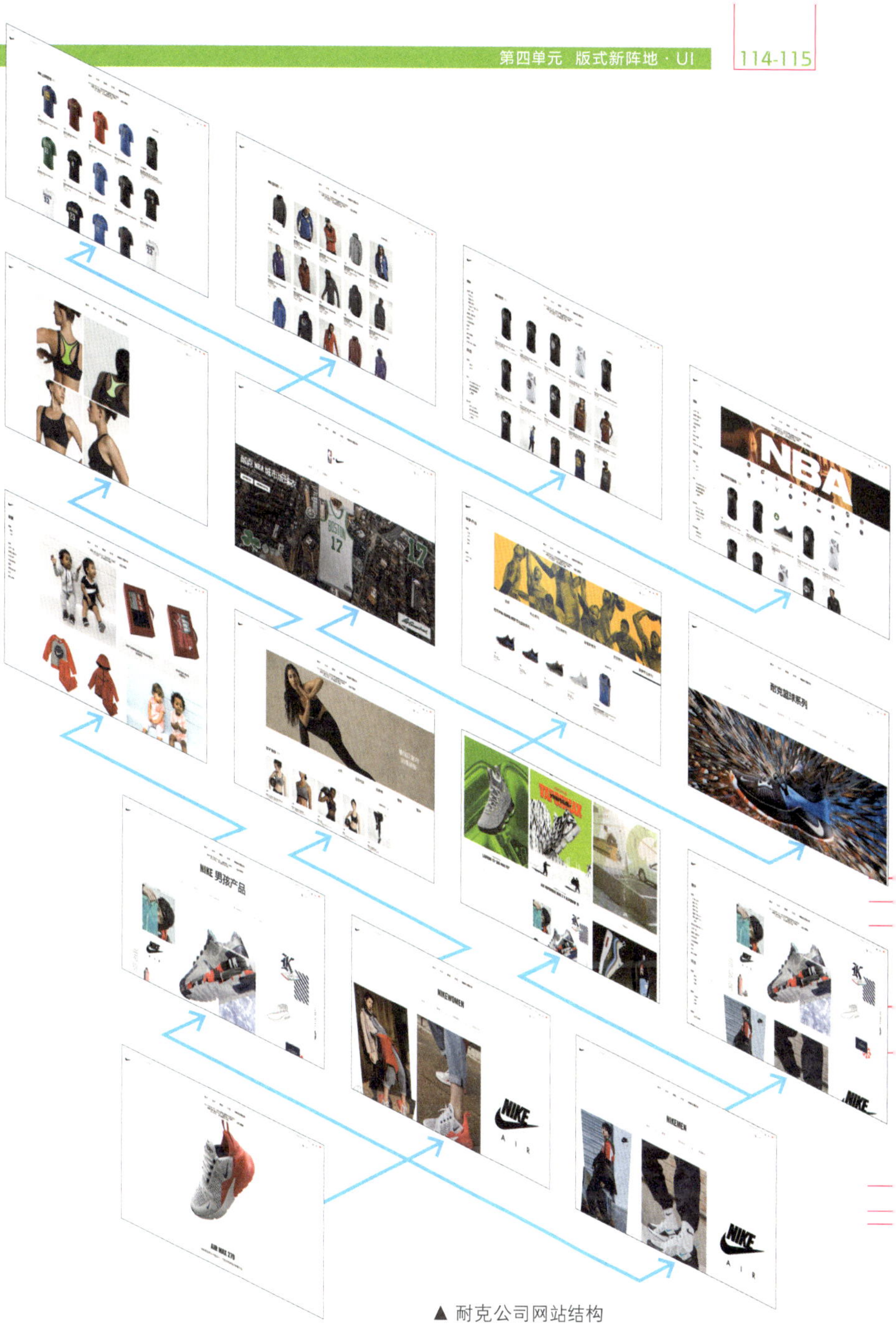

▲ 耐克公司网站结构

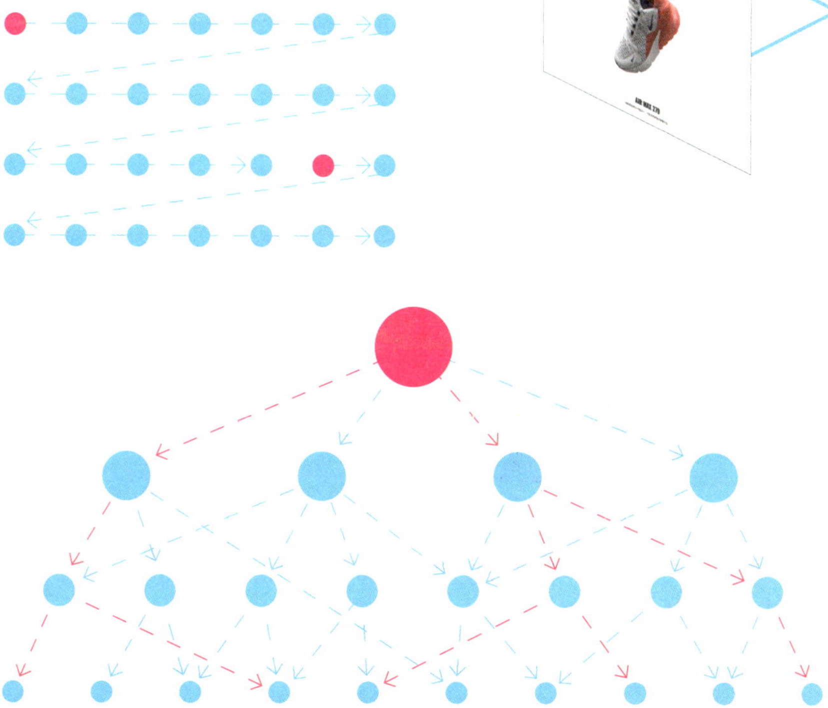

▲ 传统平面媒体信息呈现模型与网站信息呈现模型

↑ 网站是由二维平面页面组成的呈纵深排列的复杂结构，这些页面通过链接形成前后层次。层级成为网站的一个重要特征，从二维意识建立前后的类别意识变得非常重要。一般网站会设定三级层次，少数规模较大的网站会设定五级呈现层次，层次越多会增加用户判断信息位置的难度，不利于信息的顺畅阅读。此为耐克网站的结构，可以清晰地看出从大类——细分类别——具体产品的信息呈现面貌。每个页面都能通过点击图片或导航栏打开更深层级的内容，这给用户带来极强的互动性。

↖ 传统媒体信息呈现为线性状态，由始至终沿一条线呈现，次序性、条理性非常鲜明。网站则由首页开始，通过链接进入二级页面，二级页面又包含着更深一层的三级页面、四级页面……逐层解读上级页面中某一分类或信息，由此建立了前后的空间关系。各层级信息并非单线“联系”，同层级或不同层级之间因为信息的关联性，可以通过不同路径建立链接。

UI的另一重要组成是用户体验。用户体验是指用户对某一产品、服务的使用前、使用中、使用后的整体感受与反应。不仅在UI设计中，在建筑、产品、视觉设计等各领域都要做到“以人为本”，注重用户对产品功能、审美、价值的内在需求的满足。对于UI来讲主要体现在用户交互顺畅、交流便利、诉求满足达成的心理愉悦，从而提高用户满足度。UI有很多功能，如品牌推广、产品展示、商品交易、金融支付、行政办公、资讯查询、健康检测、即时通讯……无论何种目的，其核心在于信息高效、便利、顺畅、愉悦的交流，所以视觉设计是达成以上目的的直接手段！通过图标的高效沟通、信息的合理布局、版式的顺畅流向、色彩的隐性感染……良好的UI设计不仅能给人带来美好享受，更能产生内心的愉悦与信任，大大提高用户的关注与忠诚度。

归根结底，UI是以追求优质用户体验为目标，注重交互过程，通过视觉设计完成的优良信息交流过程，其本质依然是信息的高效传达。明白了这一道理，我们的学习便有了方向。

▲ 站酷App形象页及体验升级要点

▲ 苹果iCloud实现设备间文件共享

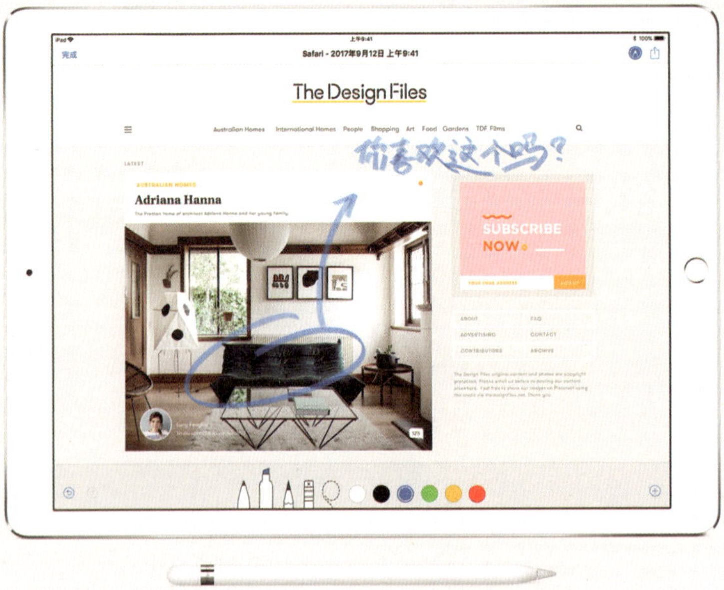

▲ iPad在页面上直接手写

↗ 由于应用规模的扩大和数字技术的普及，App的开发成本越来越低，众多互联网企业如ofo、摩拜等，甚至传统企业像银行、教育等纷纷开发自己的App。所有App的开发必须依据产品属性深入研究用户习惯、使用过程，保证每一个细节的舒适性与顺畅性。站酷是一家“大型综合性设计师社区”，创办之初是基于PC端的网站，2013年全面升级并推出了移动端的App，通过内容、结构、视觉的优化，努力提升平台在用户体验方面的表现。

→ 用户体验已经成为UI设计及硬件产品设计的核心理念。优质的用户体验是通过硬件技术、应用软件、视觉表现等环节的不断优化共同达成的。如苹果公司通过iCloud后台支持实现了不同设备间文件的共享，大大提升了用户的使用便利性。iPad触摸屏的精度与敏感度有大幅提高，并可以通过软件非常便利地对文件进行标注，大大提高了工作效率，这些都属于硬件技术与应用软件范畴对用户体验的提升。

4.1.3 UI的分类

“程序逻辑的视觉化”，iH5创始人孟智平先生指出了UI设计的基本逻辑。系统界面是程序语言的视觉化，移动媒体的App则是信息内容的视觉化过程。由于应用领域的不断拓展，UI的类别也在不断增加。目前阶段，UI主要包括WUI、GUI、电视界面、智能设备界面。

WUI 英文全称Web User Interface，指PC端的网页用户界面，从事网页设计的人我们称之为WUI设计师。WUI设计师是中国第一批UI设计师，自2000年互联网迅速普及后，企业网络、个人网络、机构网络得到普遍重视，大量平面设计师开始涉足网页设计，推动了WUI艺术水准的提升。

WUI主要包括资讯门户网站，以提供信息资讯为主要目的，如网易、新浪、搜狐、凤凰等，其特征是信息量大、受众群体广、功能相对简单。此类网络的重点在信息内容本身，重视信息的准确性、结构的完整性、内容的丰富性，却往往忽视了视觉次序、视觉流向、愉悦阅读的重要性，造成各门户网站的模式雷同和阅读疲劳感，仅凤凰网的UI设计相对较好。

政府网站及事业单位网站归属此类，除了提供权威信息外，增加了办公交互功能。企业品牌网站，从规模企业到小型个体企业都非常重视网站建设，成为WUI设计中的主力军。此类网站是企业实力、品牌形象、产品展示的重要阵地，往往在目标分析、内容组织、交互方式、形式创意、后期维护方面投入较大人力物力，希冀给消费者带来优质的阅读体验。很多国际性企业的网站成为时尚、现代的引领者。第三大类则是商业性网站，以阿里巴巴、淘宝、天猫、京东等为代表，此类网站以商品交易为目的，更加关注商品展示、价格对比、订单生成、支付提交等消费体验。因为强大的商业效益驱动，此类网站更加重视研究客户诉求、产品特征、交易流程、交互逻辑、视觉表现、活动促销等细节，近几年UI设计水准有了较快的品质提升。

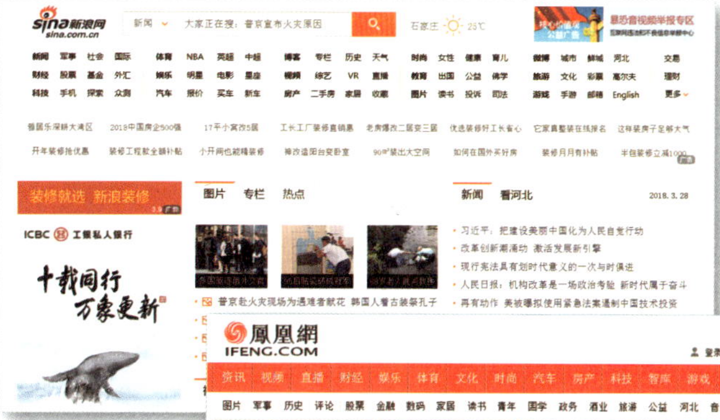

▲ 新浪网主页面

▲ 凤凰网主页面

▲ 联想电脑管家主页面

▲ 天猫“双12”主页面

除了三大类网站外，还有功能性网站（如谷歌、百度），社区网络（如天涯、猫扑），游戏网站（如英雄联盟、绝地求生），甚至还有很多个人网站，这些网站依据各自的目标建设出风格各异的效果，有针对性地进行研究能帮助我们快速成长。

WUI最早主要应用于资讯门户网站，形成了较为固定的版式结构和呈现方法。因主要注重信息大容量与全面性，在涉及用户体验的字形、字号、色彩、次序等方面缺乏重视，所以现有资讯网站普遍体验感欠佳。而企业网站和商业性网站非常注重自己的形象与用户口碑，往往设立专门的研究开发部门，投入大量人力与资金研究用户习惯和需求，不断推出新颖、出奇的UI界面，给用户带来全新的体验感。如上图联想电脑管家和天猫“双12”活动页面，以浓烈的色彩、强烈的图形和简约明晰的文字激发用户的阅读热情。

GUI英文全称Graphical User Interface，意指图形用户界面，现主要指移动端用户界面。UI的发展史就是图形界面的发展史，围绕着“所见即所得”的理念，盖茨、乔布斯等时代先贤们努力推动着“程序语言视觉化”，并令用户界面的体验越发优质。今天，因为移动端大量的图形界面需求，GUI成为特指。当然，对于设计师来讲，WUI、GUI并没有明确的界限，而是统称UI设计师。

截至2017年12月，我国手机网民达到7.53亿，占到网民的97.5%。社交、购物、支付、理财、搜索、新闻、旅游、约车、学习、娱乐……手机成为生活的第一工具！也成为新生活方式的第一媒体！强大的需求吸引了各领域的关注，几乎所有的商业网站、门户网站、功能网站都推出了自己的App，互联网创新企业、共享经济平台如雨后春笋纷纷依托手机开疆拓土！海量的App涌现，UI设计及人才需求出现井喷状况，UI设计人才的薪资也普遍高于相近专业人才。App（英文Application，智能手机应用程序）作为数字生活的应用接口，必然成为视觉设计师信息时代战斗的主战场，也期望通过本部分的学习，让同学们对UI及设计趋势确立正确的认识，找到努力的方向。

↑ 今天的生活已经离不开手机，App成为各大互联网企业及传统企业抢占市场的利器。App的开发推动了UI的社会认知与飞速发展，也为视觉设计师提供了广阔发展空间。

↓ 苹果公司的iPhone不仅改变了人们的生活方式，还一直引领着审美潮流和对用户体验的追求。iOS系统图标从开始的拟物、透明、立体逐渐向着扁平、概括、单纯转变，越发适应了视觉生理与信息传达的本质需求。

▲ 苹果iOS系统界面升级过程

电视、智能装备、汽车等UI设计 如今，“智能”已经成为生活各领域的共识，在数字电视、汽车驾驶、智能装备、数字城市、智能家居等领域都越来越重视UI设计，越来越重视用户体验。尽管大家的认识有很大提高，但在这些领域UI设计尚处于初级阶段，UI框架、UI模式、交互逻辑、UI增值等方面尚未形成公认标准，其开发提升空间巨大，有志向的同学可给予更多关注，发现并积累“日常困难”“问题点”，为专项UI设计预埋“火雷”。

▲ 小米手环2

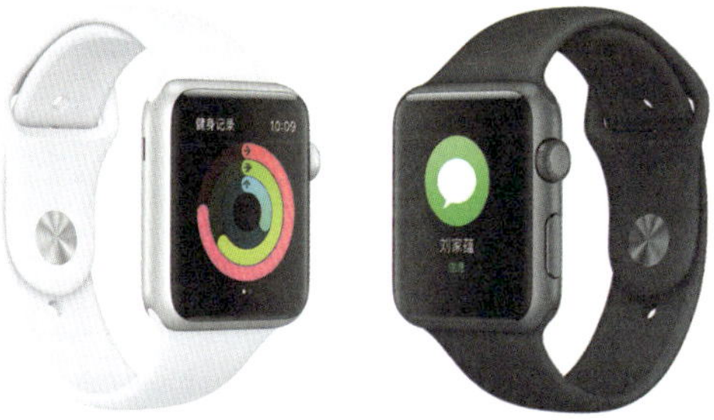

▲ 苹果Watch

▲ 电视UI设计

▲ 吉利推出GKUI主题设计大赛

▲ 全新奥迪TTS Coupé的虚拟座舱

▲ 特斯拉汽车数字表盘与导航系统

↑ 如今，数字智能渗透到生活的方方面面，智能产品越来越多，每一项应用都涉及机器与人的交互，重视并开发出符合甚至激发用户体验的交互界面，就能让UI构成产品竞争力。如苹果Watch、小米手环等产品除了造型时尚外，交互界面同样简约、现代，共同推动了产品的市场认可。数字电视的普及率很高，但却普遍缺乏对交互界面的深入研究，未来有很大机会。

← 汽车导入智能系统已经成为趋势，越来越多的汽车厂商将互联网、导航、音乐、智能识别、无人驾驶等技术与内容置入产品中。操控界面也由机械转为全数字，数字界面的清晰性、顺畅性、时尚性成为厂家吸引用户的重要手段，纷纷加大投入予以研究。吉利于2018年3月与UI中国合作开展“GKUI主题设计大赛”即在于吸引众多设计师关注这一领域，并期望收获更多原创性界面作品。

4.1.4 UI的构成

UI的应用领域与场景非常多，很难就其构成一一介绍，这里主要基于WUI和GUI讨论其构成要素。UI通常由用户体验、交互设计、视觉表现三部分核心工作构成。在优秀的UI设计团队中包括了用户体验设计师、交互设计师、视觉设计师、程序设计师及产品经理，我们重点探讨与视觉设计相关的工作，程序设计不在本部分范畴。

用户体验（UE，User Experience的缩写）既是一种设计理念，又是UI设计的核心工作。Ajax之父Jesse James Garrett在其《用户体验要素》中详细介绍了用户体验的重要性，并对用户体验进行了解析与模型化，成为全世界UI设计师的工作参考。他大力倡导“以用户为中心的设计”（User-Centered Design,简称UCD）设计理念，强调产品开发的每一步骤与环节，都要从用户角度出发进行设计，把用户接触产品的所有体验纳入到设计的“预想”范围，满足用户的习惯与需要，才能创造出优良的体验过程，建立良好的信任。用户体验设计（UED，User Experience Design的简称）贯穿在UI设计的全过程，需要通过用户调研、用户分析、用户测试等手段进行用户研究，获得用户需求、习惯、情感、心理等方面的信息，保航、验证UI设计的正确性。

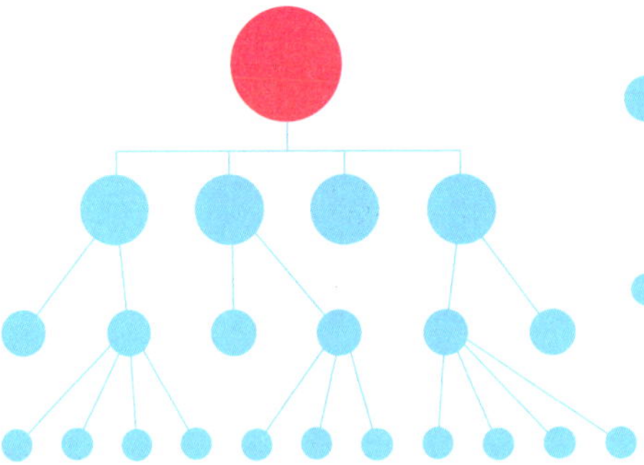

▲ 人们选择信息的基本特征

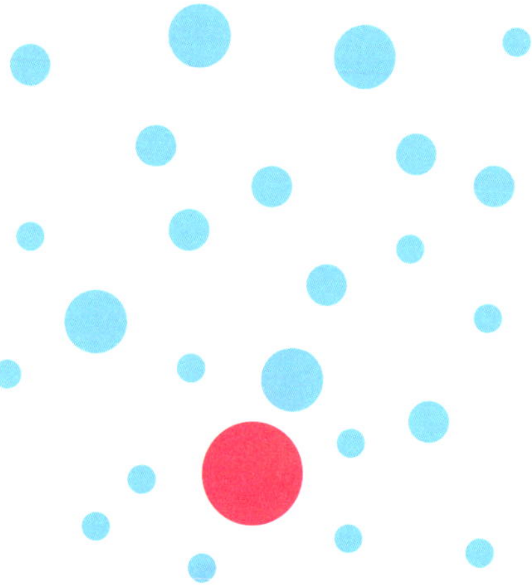

↑ 面对纷繁的各种信息，用户往往无所适从。产品研发者必须从“以我为中心”改变为“以用户为中心”，为用户建立清晰有条理的信息呈现，为用户节省时间，满足用户习惯和深层需求，就是优质的用户体验。

▲ Jesse James Garrett归纳的用户体验五要素

↑ UI是一个无比复杂的产品，它包含着大量信息、复杂的结构、太多的诉求……关键，它还是“自助式”产品，它没有说明书，完全依靠用户自己摸索！所以，良好的用户体验设计就变成了产品的巨大竞争力。

↓ 这是一个读图时代，企业网站越来越具有广告性，越来越像商城！超大、动态的Banner成为网站抓取用户眼球的利器，导航栏以隐藏的手法为屏幕腾出更大的展示空间，服务项目以图标的方式呈现，都是为建立良好的用户体验。

▲ 联想企业网站首页与导航栏

交互设计 也叫互动设计，发起于20世纪80年代，是随计算机技术发展与广泛应用出现的新兴学科。在计算机研发初期，每一个使用者都是专家，人机对话没有障碍。但随着计算机的大众化，就必须找到人与机器之间简易、便捷的交流方式，操作系统图形界面就是这一需求的具体表现。进入二十一世纪，互联网与移动媒体把我们推到了一个新时代，海量的App应用与智能设备推动着人机交互向舒适、顺畅等高层次发展，也推动着交互设计从大型公司垄断状态向设计公司，甚至设计师个体转变的状态。技术的进步与广泛的应用让交互设计成为视觉设计师的工作阵地。

交互简单讲就是人与机器系统的互动，是指令—反馈—反应—反馈的持续过程。在多数视觉设计师眼里，交互设计就是按钮、图标、点击、拖拽……其实不然，UI设计如同建造一座艺术大厦：用户体验是出发点，是建造大厦的缘由；交互设计则是大厦架构与功能的规划，是良好用户体验的预先构想，预先思考人如何进入空间、空间如何引导人、人走过空间的每一个节点的良好体验的可能性；视觉设计则是大厦的外观与内部环境，思考如何给人直观的良好体验与感受。所以，交互设计是在用户研究、产品定位、用户体验设计基础上，对信息进行分类，完成构架设计，对功能进行预设，完成操作流程规划的过程。

用户体验设计、交互设计在大型企业和专业公司都有独立岗位，视觉设计师可以把精力用在创作视觉表现上。但对于创业型企业或个体设计师，则需要身兼多职，努力提高和磨炼自己在用户体验和交互设计方面的认知水平和能力，只有具备了用户体验和交互设计能力，才能在数字时代腾飞翱翔。

▲ 淘宝、天猫网站地图与信息架构图

悬浮导航条 购物车固定条

↑ 交互设计对于用户体验的提升至关重要，是依据企业或产品战略定位和功能确定后，对信息进行架构规划，对功能互动方式进行预想的过程。具体来讲就是网站或App都有哪些信息出现，某一信息处于哪一层次、哪一位置，用户参与互动的流程设定，以及每一个互动的位置与方式。网站地图或导航基本就是网站、App的信息架构图，能够指引用户快速地找到想要的信息。而交互图标与参与式交互方式则能引导用户清晰便捷地深入阅读或完成交易。良好的交互设计是建立在对用户习惯和需求深度研究的基础上，并通过不断推演和测试验证交互的顺畅性。

视觉设计 视觉设计是UI设计最终呈现的过程，是用艺术的手段展现产品信息、交叉节点、整体形象的过程，也是视觉传达、数字媒体艺术专业主要的学习内容。UI的具体应用非常多，现在常见的有：系统界面、机构网站、手机App、社交界面、视频聊天、微博社区、知识库、管理器等等……在这些应用中，核心工作是图标设计和版式设计。

良好的用户体验主要体现在信息的准确、快速、顺畅的传达与互动。无论在WUI、GUI中，图标因其符号性、易识性、通用性、语义性、精炼性得以广泛应用，尤其在App中往往成为产品的象征、入口，与用户起到极强的联通作用。为了节省空间、便于交流，应用中的各个控件也多以图标的方式呈现。App图标一般直接应用企业或品牌LOGO，以构成统一形象，有些受条件限制，图标采用辅助图形同样达到良好识别效果。而控件图标在UI设计中是一项重要任务，类似奥运比赛中的场馆图标，数量很大，但却要求语义清晰、图标简练、形式统一，最好还能具备鲜明个性，成为品牌形象的助推力。

版式是UI产品最终的呈现面貌，有重要地位。UI设计中的版式设计同样必须满足“信息的准确传达”“顺畅阅读的营造”“阅读节奏构成享受”三个基本要求及体验层次的追求，同样以网格的形式达成版式的条理、秩序与顺畅。但UI版式设计也有其个性要求：WUI因最早出现的是资讯门户网站，形成了页首、全域导航栏、区域导航栏、主要内容栏、关联性导航栏和页尾构成的三栏式基本架构，这种模式对于内容性网站比较适合，却也相对古板，缺乏吸引力。所以，近年企业和商业性网站推出一栏、二栏或综合而灵活的布局，带来了鲜活的视觉体验。作为UI设计师，既要研究已有的版式结构，又要依据产品定位与用户需求大胆创新版式，以吸引更多的关注。如今，越来越多的创业型企业创新着自己的商业模式与App应用，GUI呈突飞猛进之势，成为设计师未来发展的主战场。我们应该投入更大精力学习、研究。GUI受界面物理大小的限制，无法像WUI一般呈现三栏结构，基本采用隐藏导航栏的一栏布局，但对于信息型、商业型APP，还需满足单页更多内容呈现的愿望，这就要求必须结合实际需要对媒体进行深入精细研究，精准到每一像素去组织内容、设计版式。

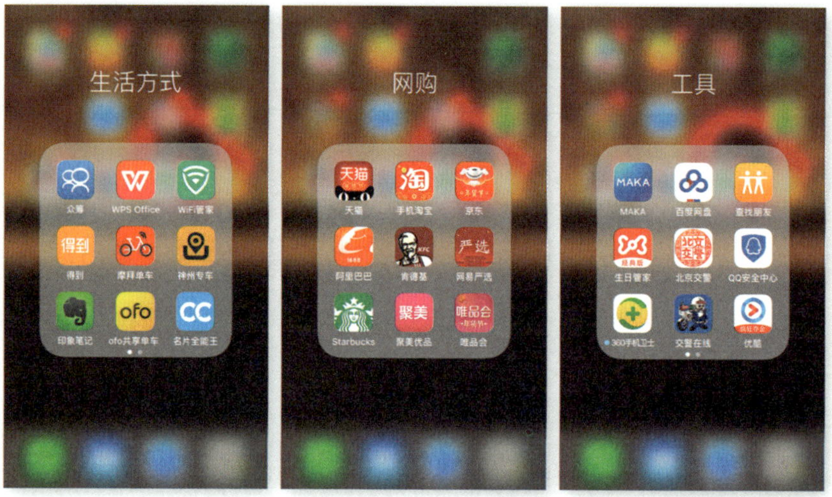

▲ 生活中常用的App

↑ App图标是用户体验的开始，也是企业或服务的入口，以时尚、简约、强烈的造型与色彩在众多App中脱颖而出是视觉设计师努力的目标，也是对设计师能力的巨大考验。

▲ 手机App UI布局与视觉表现

↑ App呈现受屏幕尺寸的限制，大多采用一栏瀑布式版式，为了研发与迭代的便利形成了一些设计规范。即便这样，优秀的设计师或设计团队总在不断地突破局限，在限制中创作出优秀的新作品。如苏宁设计了极具张力和感染力的开屏页，大大改变了手机屏信息局促的视觉常态；QQ新闻增加图片横向浏览，利用有限空间扩大信息量，这些做法给视觉设计带来了很好的启示。

4.2 UI构架与设计流程

在《用户体验要素》一书中，Jesse James Garrett将网站的建设归结为战略、范围、结构、框架和表现五个层面进行的，这一方法基本成为UI产品开发的通用手段。战略层面属于顶层设计，它是圈定用户群体，依据用户需求确定产品定位的决策过程，任何UI设计都始于清晰的战略方向，说白了就是要干什么、朝哪个方向干的问题。范围层、结构层、框架层属于依据战略定位划定界限，确定信息框架，拟定界面结构的过程。前四层都属于UI架构的搭建，对产品的成功起着决定性作用，视觉设计师必须具备架构意识与合作精神才能发挥才能，创作出优秀作品。

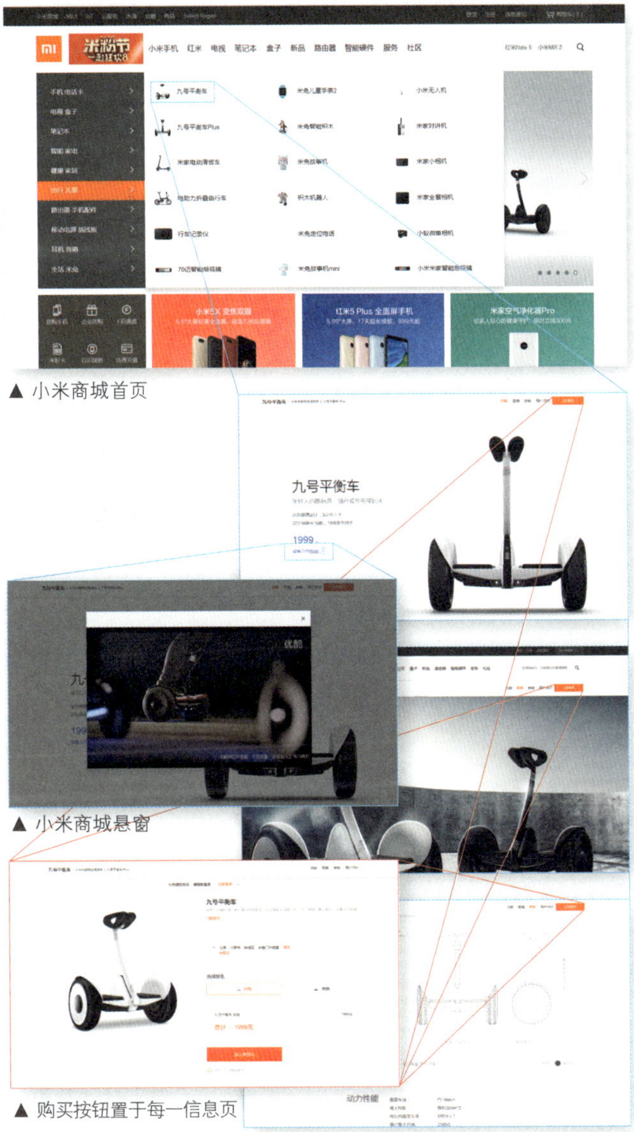

▲ 小米商城首页

▲ 小米商城悬窗

▲ 购买按钮置于每一信息页

4.2.1 从平面到空间的转换

UI既是人机交互的界面，也是信息的载体，保留许多印刷媒体信息呈现的特征，也形成了三方面的发展：一、由原本的单维度阅读变成前后维度阅读。传统平面媒体，不论书籍，还是报纸，信息以线性方式呈现，阅读也呈单线路径。而UI中，信息以前后层呈现，阅读也以点击链接页面切换的方式进行。其实，用户并不在意线性还是纵深阅读方式，只要能高效、顺畅就是好的媒体呈现，但对于设计师来讲则必须深入研究前后层特性在信息规划上的影响。二、由二维全域阅读模式发展为片段信息加跳转链接的阅读模式。印刷媒体版式主要解决平面构成的问题，一般表现为全域阅读状态，在平面空间内各层次元素可以构成丰富的视觉节奏。UI设计受屏幕的限制，尤其是手机屏幕非常有限，信息被分成若干"小模块"，依靠"层"跳转链接呈现。全域阅读与片段跳转的阅读模式，产生了不同的设计要求和规律。三、由多环节协作到全链条互通。印刷媒体产品生产主要包括了选题、编辑、设计、印刷、发行几个环节，各环节相对独立，通过相互协作共同完成产品研发。UI则包括了战略规划、范围界定、结构设计、框架布局和视觉表现五层级，这些层级相互贯通，每层级都有各自的工作重点，但又需要环节全链条介入，才能最终完成优秀的产品。

作为UI设计的学习，我们可以研究分析优秀作品，逆向推导出其表现层、框架层、结构层、范围层、战略层的基本内容及各层关联，由此逐步确定清晰的架构意识。

↑ 这里以小米商城为例体验信息空间架构。小米商城基本以三层架构为主，首页为类别导航和广告为主，二层为产品缩略图让用户通览各类别产品，三层则是所选产品详尽展示。三层架构大大减少用户寻找产品的时间，增加深入了解产品的机会。为充分展示产品特征，部分产品增加悬窗视频、设计参数、用户评价等深层内容，利于意向客户的深度认知。三层架构是小米商城基于用户需要建立的信息空间结构。

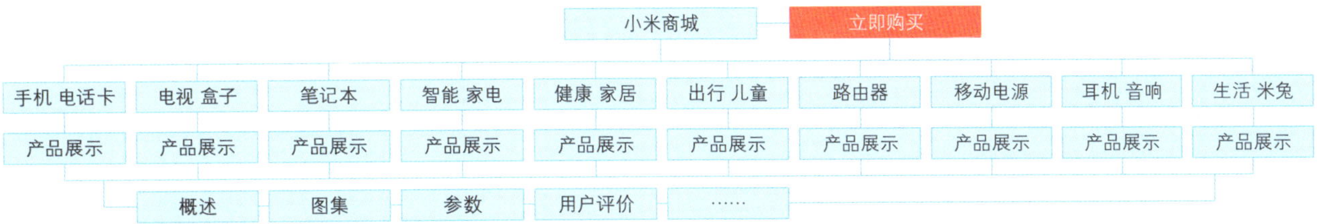

▲ 小米商城的信息架构

4.2.2 UI设计流程

如前所述，UI设计师需参与开发全过程，了解UI设计流程及要求，有利于准确的视觉表现。UI设计主要包括六个阶段。

一、产品定义和市场分析阶段，即Jesse James Garrett所称的战略层。本阶段由产品决策层依据市场需要，寻找市场切入点，思考确立产品定位、用户群体的过程。说白了就是发现社会痛点，决定要干什么的问题，如OFO、摩拜等企业，发现社会需求大干共享自行车一样。社会需求就是群体用户需求，并且需求无止境，观察生活中所遇麻烦，借助新技术，创新解决方法，是开发新产品的出发点。

二、用户研究分析阶段。确定了产品方向，便需深入研究目标用户需求，包括行为习惯、功能需求、情感规律、内在心理等方面，这部分工作应该由团队中UE（用户体验）来做，可以通过随访、问卷、数据分析或实景用户分析获得准确信息，对于创新团队可能由视觉设计师兼做，整个团队共同参与。本阶段的重要目的在于获得真实的用户需求信息，为UI开发提供建议与帮助。本部分开始依据调研进行功能预设，包括对产品所需信息进行梳理。

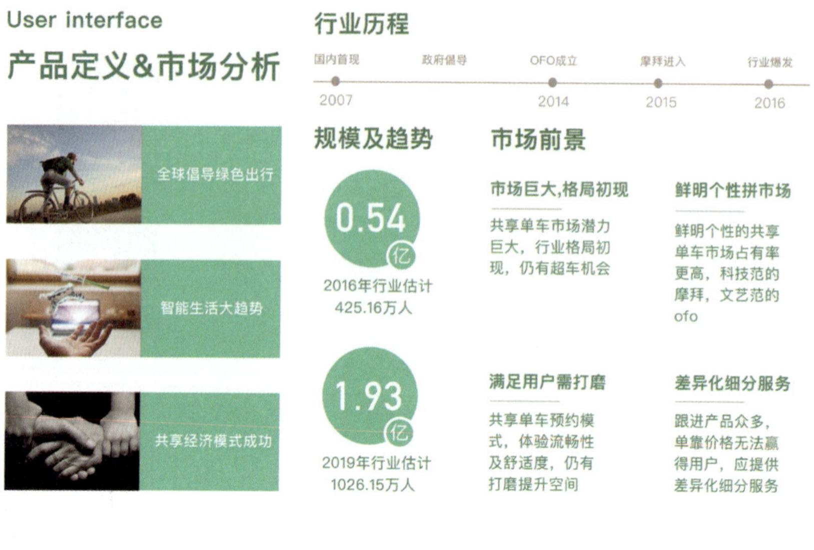

▲ 产品定义和市场分析

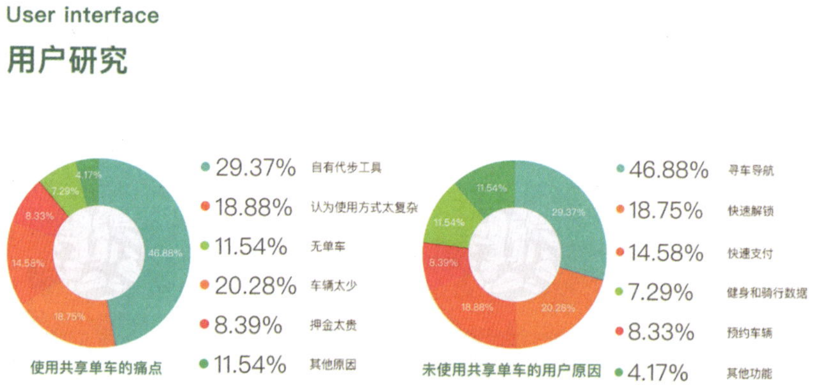

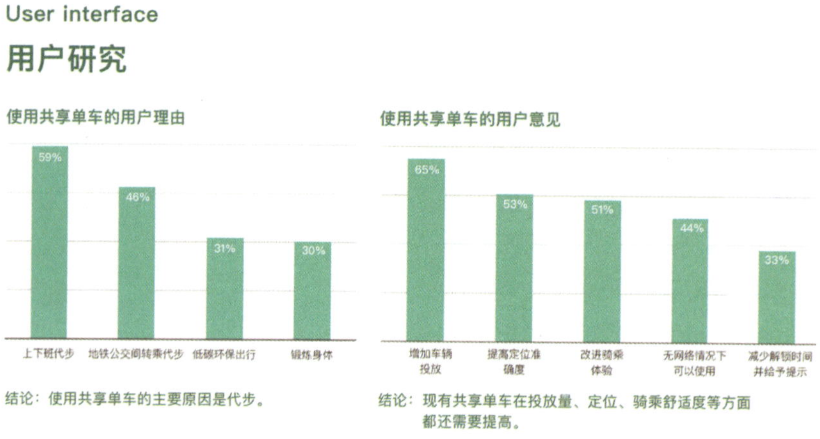

▲ 用户研究

↗ 产品定义与市场分析属于决策层思考和研究的内容，往往是发现一个社会需求、梳理现有资源、模拟运营模式、确定战略目标的过程。尽管战略构想属于抽象思维阶段，但却影响着产品设计的方向，甚至最终视觉表现的面貌。此案例战略阶段确定的“绿色出行 智能共享”核心理念即决定了产品方向和视觉定位。

→ 用户研究是在战略目标确定后更进一步针对目标用户、竞品状况、相关领域进行的深入研究，属于对市场的深入研究分析。用户研究既是为下一步架构设计提供数据和方向参考，又是对产品定位、战略目标的论证与修正，深入的用户研究可能令决策层适度调整产品方向。视觉设计师应积极参与此阶段的分析与讨论，发现的“痛点”越多，视觉表现的创作越有“源头”。

三、构架设计阶段。构架设计是在用户需求研究、产品定位基础上对网站或App立体结构的规划，包括信息前后关系，界面原型布局，交互跳转流程等。视觉设计师依据初步架构思考UI风格方向，程序设计师需就功能、交互程序实现可能进行研判。

四、原型设计阶段。原型设计是在UI架构基础上，着眼单个界面的内容落地，包括了导航内容确定、主要信息确定、界面布局设定，这些内容由产品经理、UE、UI共同研讨确定，它不是最终所实现的效果，而是UI的界面骨架，是UI视觉表现的基本依据。

五、UI视觉表现阶段。前几个阶段所做的工作都是基础性的、框架性的，相当于UI的内在构造、内在质量、内在能力，再好基因的产品都需要良好的视觉表现，因为视觉是用户接触产品的第一感觉，优异的视觉体验能第一时间感动用户，激发用户，给人带来愉悦感。所以，视觉设计的风格、色调、节奏、主次、顺序、图标、文字都极为重要！

六、测试上线阶段。UI上线之前一定要经过内部测试，就界面一致性、简约性、美观性、交互性等进行测试，发现问题由设计师、技术人员及产品经理共同研讨解决。上线是对前期成果最终的检验过程，团队要做好市场反馈记录，运行状况分析，对反馈数据进行分析研究，做好产品迭代研发准备。

↗ 架构阶段解决的是信息结构和交互流程的问题，关注与人们接触产品中获知信息的过程是否合理、顺畅，关注与用户使用产品的每个节点的交互性是否舒适。对于信息型UI侧重的是信息的分类、分级，建立合理的信息梯度和结构层级，有助于用户方便地查询到所需信息；对于功能性UI则侧重交互的流畅性，尽量减少中间环节和非必要功能，让体验更加快捷。

→ 到原型设计基本进入视觉表现的阶段了。这部分主要思考单层界面信息的布局、视觉风格、交互步骤的问题，最后通过线框图的方式展现出来。原型设计是对产品功能的梳理与设定，是视觉表现的依据，视觉设计师也要在此阶段提出表现风格的构想，与产品开发团队研讨。UI视觉表现是所有定位、理念、构想的视觉表达，对用户体验产生直观影响。所以，视觉设计师需要从图形、文字、色彩、布局、风格等方面入手，创作出时尚、现代、富感召力的优秀作品。

User interface

构架设计

主流产品市场份额

	份额	优点	缺点
摩拜	42.5%	科技感强；自主研发、设计生产单车；配套服务全面	车辆成本高、押金门槛高、骑行体验差
ofo	36.8%	车辆成本地；轻便省力；旧车回收	传统车辆性能不稳定,无定位、不可预约
小蓝	9.8%	低价，安全性好、3秒解锁、骑行舒适，无需提前充值	覆盖率较低，服务器不稳定

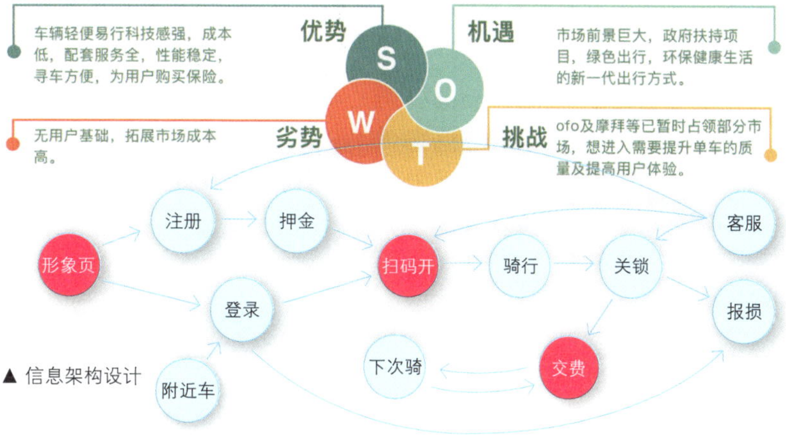

▲ 信息架构设计

User interface

原型设计

User interface

UI视觉表现

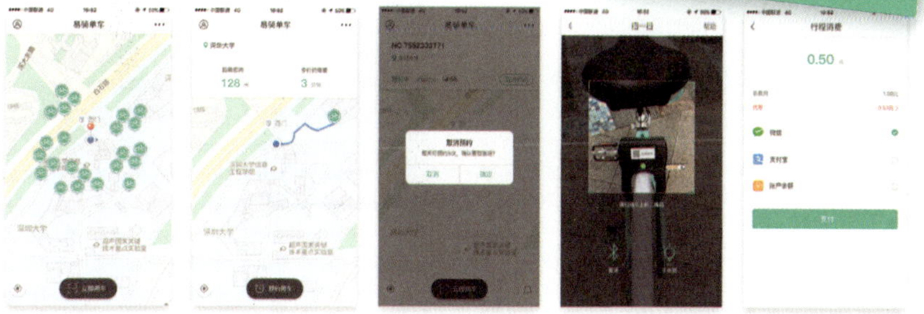

▲ 原型设计与最终视觉表现

4.2.3 UI设计要素

UI设计要点主要包括两方面，一是物理性要素，是指技术性要求与指标；二是软件性要素，属于体验方面的变量要素。

屏幕 是用户人机交互的直接媒介，是影响UI设计的重要因素，现有屏幕主要包括PC机、智能手机、平板电脑和电视。各种屏幕由于大小差异、用户与屏幕远近、方向及输入方式的区别，直接影响了UI的呈现方式及硬性规范。PC机屏幕尺寸大，承载信息与元素多，并且可以缩放浏览器，设计的自由度比较高。由于智能手机的快速应用，人们把更多的时间与生活交给了手机，PC端网站的开发出现滑坡，大量手机应用的开发带动了企业与设计师投向GUI。智能手机的屏幕也越来越大，苹果从3.5英寸发展到了5.8英寸，华为Mate10则达到了5.9英寸。受单手操作习惯的制约，手机屏幕总的来讲是有限的。版面受限，所以智能手机与平板电脑都是全屏浏览，而且不能放大、缩小，这就要求GUI设计需要极精细的设计，图标与编排甚至要精细到1个像素。

设计适配 我们知道，智能手机的迭代异常迅速，苹果推出新款手机的速度不足一年，每次的迭代最突出的感受就是屏幕的变化。因为品牌与机型的差异，屏幕的大小与分辨率千差万别，一个UI产品无法针对每一款屏幕开发一套应用，便需要设计一个基准方案，通过一定比例换算，去自动适应不同分辨率的屏幕，这个过程叫手机适配。现在GUI的适配主要考虑iOS系统手机、Android系统手机及二者之间的适配。在iPhone X推出前，基准图依iPhone 6（750×1334px）设计，由它向上向下适配变化幅度最小。基准稿确定后在750px设计稿上标注，输出@2x切图和标注图给程序员制作完成，对于个别自动适配不协调的页面，则需要个别调整以适配特定机型。iPhone X推出

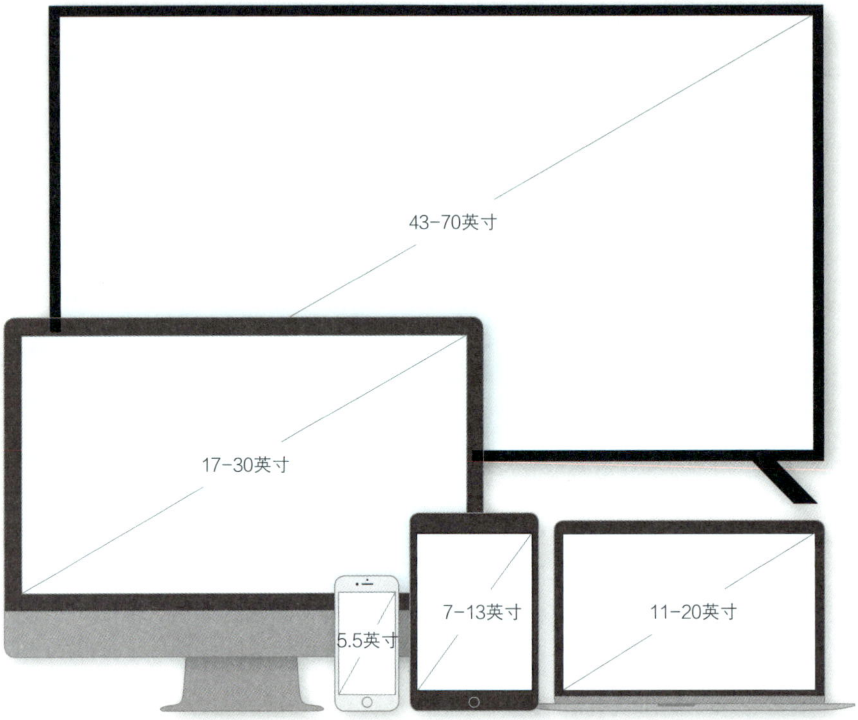

▲ 各种屏幕尺寸比较

↑ 屏幕大小、方向、输入方式、阅读距离是影响UI设计的重要因素。屏幕越大可容纳的信息越多，编排的自由度越大，而智能手机和平板电脑屏幕有限，只能采用全屏浏览，且不能放大缩小。手机的单手操作、PC的鼠标点击、电视的遥控器控制，因为输入方式的不同在UI设计时则要考虑各自的特点。屏幕比例也需考虑，现有屏幕以4:3和16:9为主，碰到特殊比例就要特别注意，版式和界面要尽可能依据实际做到适屏。

- px：像素，分辨率的单位
- pt：iOS逻辑像素单位
- dp：Android逻辑像素单位可以理解为1pt=1dp
- ppi：像素密度，指屏幕每英寸像素点的个数
- 分辨率：屏幕像素的数量
- 逻辑尺寸：软件可以达到的分辨率，乘以倍率等于物理分辨率

机型	分辨率	倍率	逻辑尺寸	ppi
1、2、3	320x480	@1x	320x480	163
5	640x1136	@2x	320x568	326
8 p	1080x1920	@3x	360x620	401
X	1125x2436	@3x	375x812	458

▲ 以iPhone为例认识屏幕的基本概念

← 在UI设计时需要首先弄清楚技术层面的一些基本概念：像素、分辨率、ppi（像素密度）、逻辑尺寸、倍率、px、pt、dp、dpi（Android使用的单位英寸像素密度，等同于ppi）等。包括视网膜屏，当正常距离阅读手机时，屏幕分辨率达到300ppi以上，眼睛便无法分辨像素点，即称之为"视网膜屏幕"。随着屏幕技术的不断提高，分辨率与像素密度相应提高，所以才使图像越发清晰、绚丽。iPhone X屏幕已经达到458ppi，成为超视网膜高清显示屏。

▲ iPhone的最新机型与各项技术参数

后，苹果公司要求所有开发者App适应iPhoneX超级视网膜显示屏，以给用户带来更完美的体验。

Android系统屏幕大小、像素密度、单位标准与iOS有一定区别，尽管屏幕分辨率也是越来越高，但其逻辑尺寸趋于统一（360×640px），设计师只需按720×1280px分辨率做设计稿即可，但需注意图片要使用智能对象，其他元素则要用矢量路径来做。界面中的图标和控件等元图要等比放大1.5倍，生成适用于XXHDPI的@3x切图。

对于iOS和Android两个系统，最好依据尺寸设计两套不同尺寸的UI原型，但基于节约人力资源考虑，实际中往往以iOS系统为主导，产出一套原型设计。设计师需在Photo设计时，所有图标控件要用矢量工具绘制，图片为智能对象。

设计稿确定后，需要对页面元素的大小、位置、色彩、间距等进行标注提供给程序设计师。iOS与Android默认单位不同 ，iOS系统大小、间距标注单位为px，Android系统默认单位为dp。还有一点需要特别注意，因为屏幕最小单位为一像素，所以所有元素大小及间距都应是偶数，不能为奇数。

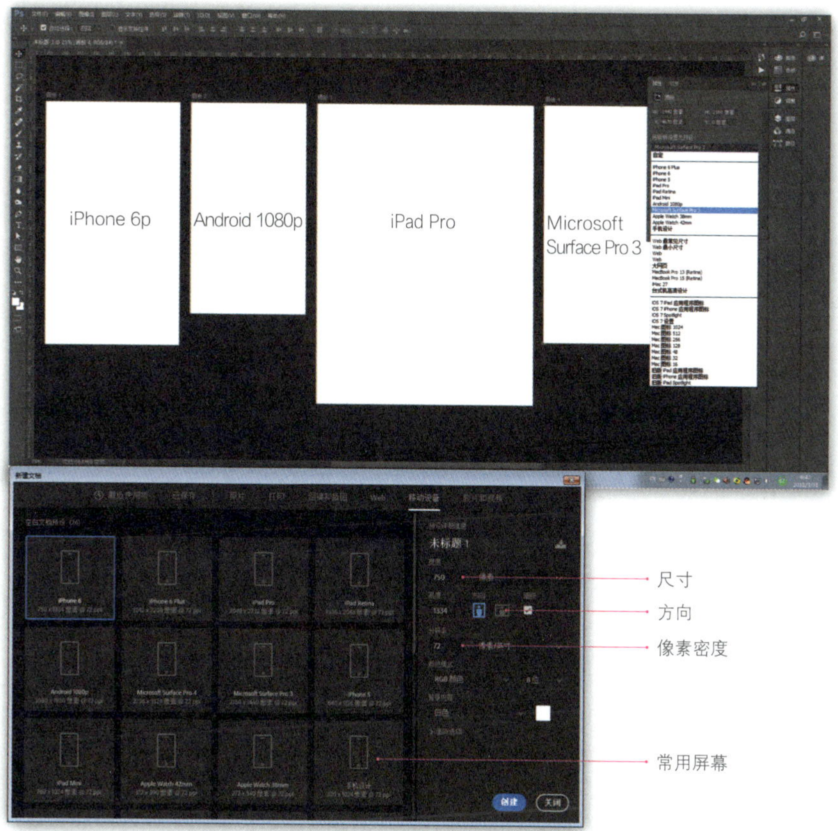

▲ Photoshop设置的常用设备文件模板

机型	密度分类	分辨率	倍率	逻辑尺寸	ppi
三星SGH-E898	ldpi	240x320	@0.75x	180x240	104
纽曼W2018	mdpi	320x480	@1x	320x480	165
中兴U930	hdpi	540x960	@1.5x	360x640	256
三星S3	xhdpi	720x1280	@2x	360x640	306
三星Note3	xxhdpi	1080x1920	@3x	360x640	373
华为Mate10	xxxhdpi	1440x2560	@4x	360x640	499

▲ Android手机的主要参数

↗ 设计适配主要涉及iOS和Android两大系统内各种型号手机及两系统之间手机的适配。由于机型与屏幕变化，本系统内就有各种大小与技术标准不一的屏幕，原理上应该一屏一设计，才能真正体现设计意图与表现效果。但这样势必造成巨大的工作负担和资源浪费，所以UI设计时一般选择中间型号作为基准屏，向上向下自动适配，既能基本保证设计目标，又能大大节省资源。对于iOS和Android两大系统的适配，一般也以iPhone为基准设计方案，而后通过数据换算达成适配，遇到适配困难的机型，则需要对基准方案进行局部适当调整达到完美效果。

→ 设计适配除了关注技术之外，优质的阅读体验还依托图标、版式、色彩、文字等元素的规范统一。右图为图标与版式的基本规范，尤其UI图标是打开信息的钥匙，不仅需要语意准确，还需要做到风格统一、视觉量感一致。

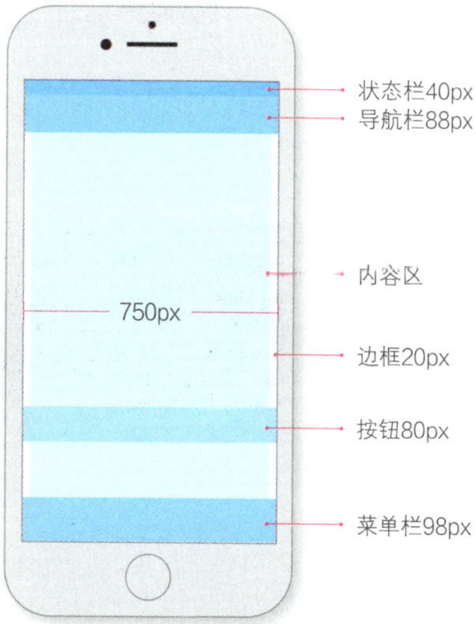

▲ 基于iPhone6的版面基本参数

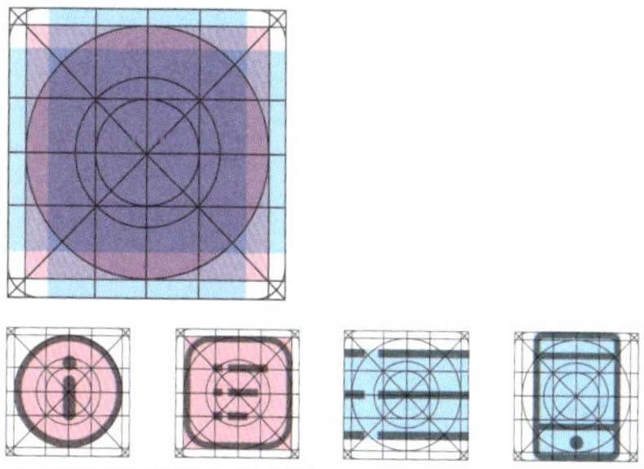
▲ 图标的规范与视觉统一

页面版式　页面版式是指UI页面的版式结构与基本布局，WUI在发展过程中形成了三栏结构，成为UI的基本版式结构。直到现在，信息类网站依然多以三栏为主。随着互联网的社会化程度越来越高，UI界面版式结构呈现了二栏、一栏的变化趋势。商业化网站更多关注用户体验，往往以大图片或Banner强调形象与产品的展示效果，逐步以二栏或一栏方式布局。智能手机受屏幕尺寸的限制，无法像WUI一样展示太多信息，多以一栏或网格、列表方式布局。无论单栏还是三栏，其基本元素仍然相近，页首、导航栏、页尾、内容都需要，只是呈现方式发生变化。如今，智能手机成为生活的第一媒体，浏览信息、网上购物、金融投资、在线支付、健康监测、社区互动……生活处处离不开手机。GUI成为媒体、企业、产品倾力开发的第一阵地，对GUI的研发应用也越发精细。如腾讯新闻和今日头条等新闻式App在采用瀑布版式基础上，增加了图片横向滚动的浏览方式，大大增强了信息涵盖量，但要注意这种方式应适当运用，如纵向滚动与横向滚动交叉太多则容易造成阅读的混乱。受网格规范与技术限制，这些作品很难出现高艺术性表现，往往比较中规中矩。

以上单栏和多栏布局是基于App的开发模式，随着微信等自媒体的快速发展，如易企秀、MAKA、Epub360、iH5等HTML应用给设计师、普通用户提供了很好的设计工具，大量的单幅数字海报与HTML应用应运而生。因为不受平台及技术的过多制约，这些海报与HTML应用更重视视觉创意与表现，给用户带来了极高的艺术感染和良好体验。

导航栏　导航在现实生活中扮演着重要角色，一栋大楼的楼层指南，一本书的目录都属于导航。导航的目的在于让用户快速、清晰地了解网站架构、关系和查询方式。通过导航用户能快速的找到目标信息，也能掌握信息间的从属关系，比如通过搜索引擎找到某一链接，这一链接又处于网站的深层页面，这时通过导航便能了解内容逻辑，利于用户理解内容意义。网站导航分为全域导航栏、面包屑导航栏、区域导航栏和关联性导航栏，有些网站还会增加网站地图，以增加阅读的便利性。对于智能手机和平板电脑来讲，屏幕尺寸有限，无法单页呈现太多内容，导航栏多采用隐藏方式处理，或垂直叠放，或左右隐藏，通过滑动交互显现导航栏。

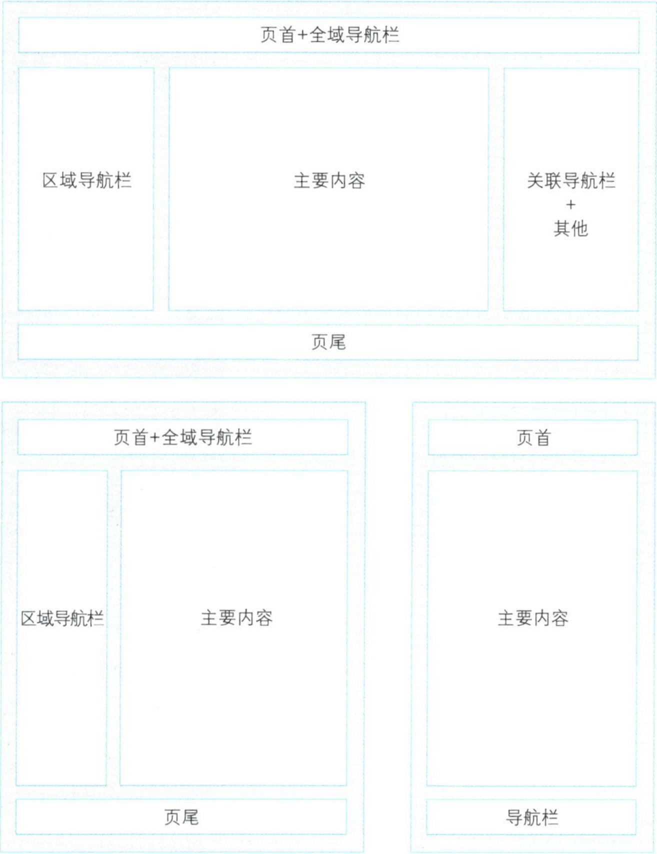

▲ UI三种基本版式结构

▲ 网易三栏式版式结构

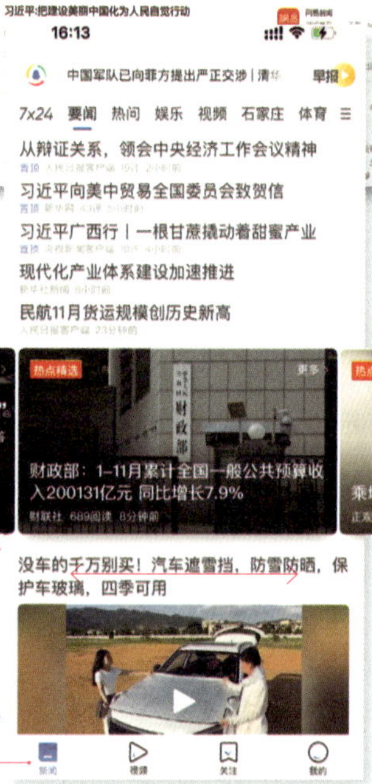

▲ 腾讯新闻App版式结构

便于单手操作的导航栏

→ 所有的设计都是依据技术、媒体的变化和人们的生活方式而改变和创新。现在除了新闻资讯类网站因信息量大仍采用三栏结构外，多数网站已经采用二栏或一栏结构。手机受屏幕尺寸限定，基本采用一栏瀑布式版式结构，并依据操作特性将导航栏置于页面下方或隐藏。越来越多的App在瀑布结构基础上增加了横向浏览的信息，便是对有限空间的创新拓展。

4.2.4 UI设计规范

UI是机器与用户进行交流的视觉、行为系统，必然需要就图标、色彩、文字、网格、空间进行严格的规范，以利于形成统一的UI形象、一致的交互控件、模块化的版式布局，这将大大降低合作的沟通成本，提高团队设计质量和工作效果，加快产品迭代速度，增强良好的用户体验。UI设计规范类似VIS视觉识别系统规范一样，是确立好设计风格与效果后，对UI元素进行规范界定，以形成统一视觉风格避免重复性工作。

色彩　色彩设定在UI中至关重要！因为色彩有极强的视觉感染力，每种颜色又给人不同情感联想，良好的颜色设定能激发用户交互热情，产生情感认同。但并非在UI中用色越多越好，而要依据产品属性设定主体色和辅助色。如科技类产品多以蓝色为主体色，健康类产品则以绿色为主，新闻类以红色为主。这里的红、绿、蓝只是概念性的，在大的基调基础上，可通过不同色光的变化塑造有个性的专属色。在UI设计中，色彩的规范一般采用十六进制颜色码进行标注。十六进制是计算机数据的一种表示方法，在Photoshop拾色器面板中我们可以看到，它主要是为了便于编程使用。视觉设计师选择好理想色彩后，可通过RGB或HSB进行数据规范，确定后再输出为十六进制颜色码。

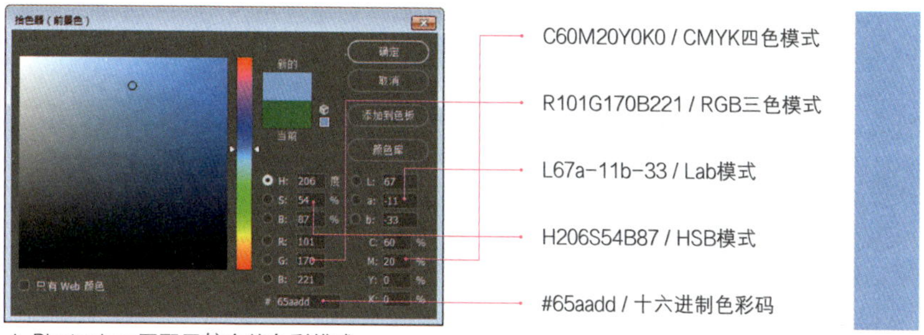

▲ Photoshop匹配了较全的色彩模式

UI设计中色彩核定至关重要，首先我们需要认识色彩。Photoshop拾色器中有五种色彩模式：CMYK为印刷应用模式，四色代表青、红、黄、黑四种颜料，四色混合产生色料色彩；RGB为光色模式，为红、绿、蓝三色光通过不同比例混合构成万千颜色，主要用于显示器，理论上RGB色域最广，可达256x256x256色；Lab模式为最接近视觉的色彩，L代表亮度范围0-100，a代表从洋红到绿的范围，b代表从黄到蓝的范围，因不受设备影响，所以是最适合视觉的色彩；HSB模式中，H为色相，S为纯度，B为明度，H为360° 色相环，S、B为0-100，因为清晰地描述了色彩的三要素，非常适于在UI设计中使用；十六进制色彩码是程序中设定颜色值的代码，以#开头加三组六位数字、字母构成，三组数字字母分别代表R、G、B的数值。设计中常采用HSB模式设定色彩，以十六进制颜色码输出。

一般情况下，设计师都有自己的色彩偏好和设定颜色的手法，面对印刷媒体设计时，多数采用CMYK四色设定，并喜欢凭借个人经验选取颜色。而在UI设计时，有人喜欢RGB模式设定颜色，有人喜欢HSB模式。因为UI超平面风格后出现了微渐变手法，单凭经验操作起来非常困难，通过HSB清晰地数据调整能找到协调而丰富的色彩组合。

色彩规范建立在UI色彩风格规划基础上，设计之初首先应该依据战略定位确定UI的主色调，由此预想应用场景规划出辅助颜色，辅助色起到烘托和点缀作用。色彩选择不宜过多，以3-5种为宜，文字可通过明度变化区别轻重。

▲ HSB色彩的调整过程

▲ 色彩规划与规范

▲ 色彩规范/www.zcool.com.cn/

文字 是UI信息的主要载体，担负着信息交流的主要责任。在印刷媒体设计中，文字大小、间距、字体、色彩、行距、位置、方向都是设计师营造良好阅读体验的元素。优秀的设计师精于推敲丝毫的变化，以期达到最优的阅读效果。但在GUI中，受屏幕尺寸的限制，页面信息与元素不能充分展示，影响文字视觉表现的这些因素也受到了很大局限，往往使用系统自带字体。IOS系统中文字体为“Heiti”，英文与数字为“Heivetica Nelle”，Android系统中文字体为“思源黑体”，英文为“Roboto”，这是几款相近字体，比较适合手机的屏幕显示，却限制了设计师艺术表现的发挥。但这些制约不能成为低劣设计的理由，通过更精细的文字结组、间距控制、位置安排、Banner设计、图片设计依然能够塑造出惊艳的UI作品。

图标是树立品牌形象，快速建立用户信任、交互习惯、信息交流的图形符号。主要包括APP图标和通用图标两种，APP图标是企业和产品的象征，类同或直接使用企业LOGO，它确定了UI的产品形象，包括色彩体系、表现风格、通用图标形式。通用图标主要是UI内部界面中的功能、交互图标，每个图标代表着一个功能，所以设计中要特别强调功能明确性，让用户一目了然，不能产生歧义。通用图标还需强调手法的一致性，所有图形表现手段要一致，方向与量感要一致，色彩设定要一致。如能将APP图标元素在通用图标中加以应用，则能形成鲜明个性特征，通过视觉的统一增强产品高品质的用户体验感。

规范是为了形成统一的UI信息呈现面貌，有利于用户阅读与交互，让交互过程更加精练、简约方便。但UI终归主要依托视觉互动达成目标，所以设计不能局限于规范，而应该在技术规范的基础上去塑造能激发阅读兴趣，带来艺术节律的UI作品，才能带给用户优质的体验享受。

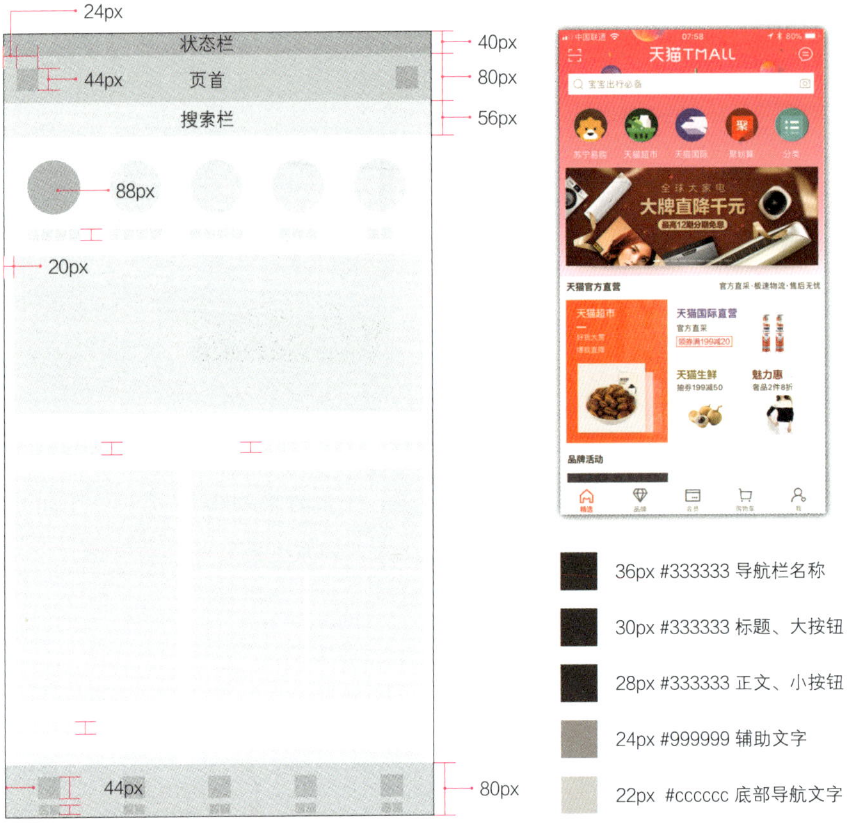

▲ 文字、色彩规范与应用

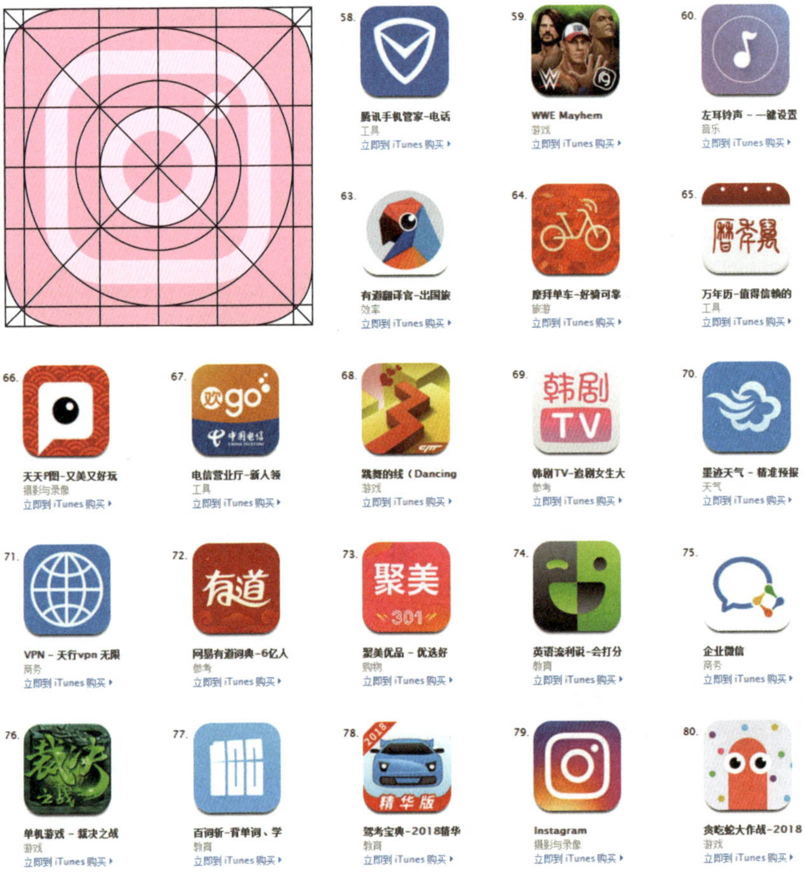

▲ App Store排行前100的App及图标

4.3 UI设计风格

设计风格是作品呈现的整体面貌，是所有元素共同作用给人带来的视觉感受。风格并非设计的目标，而是逐步解决用户需求之后作品自然呈现的样貌，正如现代主义设计理论与设计教育奠基人——格罗佩斯所言：“形式是由功能决定的”。人类的需求有很强的共性特征，所以形成了一些设计风格，这些风格又成为这个时代解决用户需求的有效方法。

▲ Windows 10系统桌面

4.3.1 世界掀起扁平风

设计风格，尽管不是设计目的，却是今天解决用户需求的有效方法，是这个时代技术推动形成的群体审美的具体表现。所谓扁平化风格就是设计中去除冗余、繁杂的装饰效果，摒弃了高光、透视、纹理、材质及3D效果，而是采用极单纯、抽象、简化和符号化的元素来表现。这种风格的兴盛，离不来微软、苹果、Google这些互联网巨头的推波助澜。在扁平风之前，UI推崇的是透明、透视、高质感、3D构成的科技感或拟物化的场景感。2008年Google提出“Flat Design”（即扁平化设计）概念，2009年微软在WinPhone 7中最早推出Metro界面，成为扁平化用户体验的开拓者。但在以后几年中，用户反映褒贬不一，直到2013年iOS 7的推出，迅速掀起了平面设计领域与UI设计的扁平化风潮。

扁平风格的潮流并非简单几个公司的推动所致，而是时代发展的必然。2007年iPhone推动了智能手机的快速发展，如今已经成为生活的第一媒体，受手机屏幕尺寸限制，人们阅读信息的幅面变小，在这么有限的平面空间，人们从对元素效果的追捧转向了对内容的准确判断上，扁平化风格简约、单纯的状态让信息更加突出，大大减少了认知障碍，满足了人们的这种内在需求。同时扁平化风格还降低了设备消耗，延长了手机的待机时间，更重要的一点是扁平风格的超强适应性，能很好适用多种平台和机型，大大降低产品开发成本。

▲ 苹果iOS系统图标的演变

→ 电子屏幕太强的光构成，长期阅读对眼睛损伤很大。扁平风格准确、清晰的信息传达利于眼睛保护和阅读，当然也有审美上的迎合。

尽管扁平化有这么多的优势，却也并非能满足所有人的喜好。世界是多元的，有些用户就很不喜欢这种风格，认为它过于单调，缺乏感情色彩，对于这些用户需求，就需要设计师深入研究，设计出更优秀的体验过程。比如通过微渐变、微投影、幽灵按钮等手段，能大大提高扁平风格UI的丰富性。

▲ Microsoft Store扁平风格图标

4.3.2 用户体验至上

现今，“用户体验至上”作为设计理念，甚至一种服务观念渗透到产品设计、UI设计、商业流通及服务全程中。越来越多的企业重视产品开发与服务当中的每个环节的研究，强化赋予用户良好体验。用户体验是一种主观感受，是用户在接触产品或服务的全过程中的一种综合感受。良好的用户体验来自于每个细节感知点的顺畅互动，每个细节的感知是愉悦的，甚至超出了用户预期，给用户带来惊喜，则会形成整体的愉悦感受。在UI设计中，则可归纳为“符合习惯，创造新奇”，比如在WUI中，区域导航栏通常位于内容栏的左侧，因为它符合人们长期形成的自左向右的阅读流向，如果区域导航栏放于页面的右侧，则会造成阅读体验的不畅。但购物车、会员中心、收藏中心、充值等图标则置于页面的右侧，它符合了人们鼠标平常所在位置，更便于即刻点击。今天我们上网，无论PC端还是智能手机端，页面基本采用了“瀑布流”方式，因为它比翻页更加便捷、流畅，更符合人们节省时间的阅读习惯。2017年底，iPhone X上市，流体渐变壁纸瞬间吸引了世界的目光，给观众带来无限奇幻的视觉感受，迅速成为设计界及社会追捧的样式！这便是设计创造了一种新的体验，它超出了人们的预期，给人带来超级愉悦感，从而带动了人们对产品的追捧。

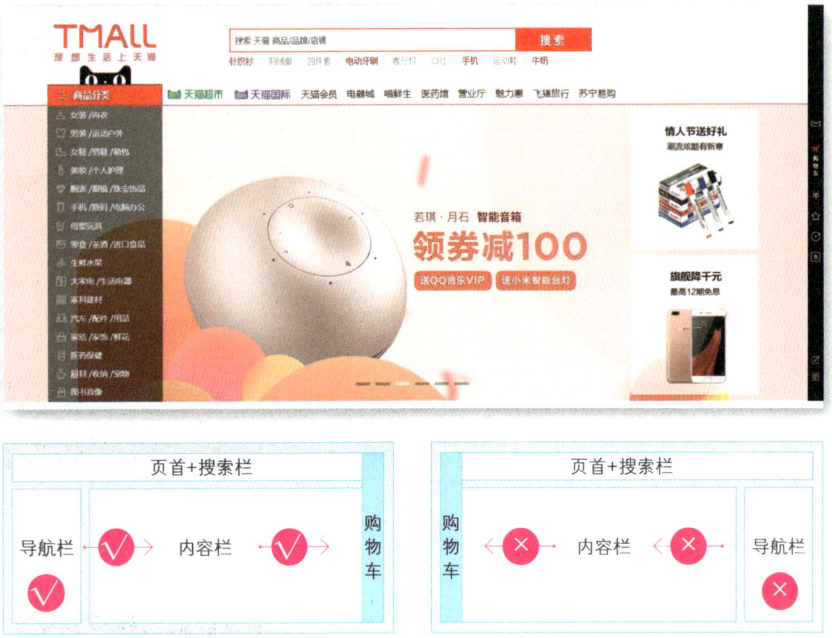

▲ 天猫版面结构分析

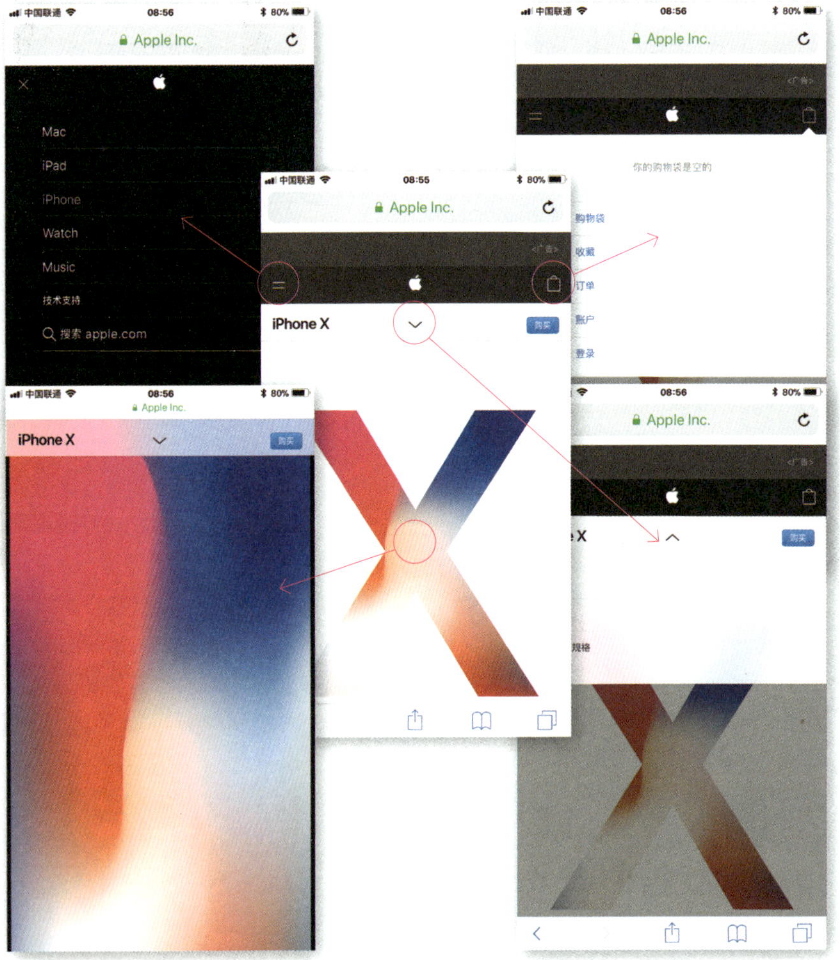

↗ 用户体验至上是指“以用户为中心”的设计理念，是指以满足用户习惯和需要为目标的设计思想。习惯是已经具备惯性思维的生活方式，包括自上而下、自左而右的传统习惯和单手操作手机形成的新习惯，UI设计需要尽量顺应用户习惯，而不要挑战习惯。需要是不断提升的，未来性的，UI设计除满足用户现有需要，还要不断创造人们新的需要，引发用户的追捧。

→ 苹果App延续了苹果WUI简约、大气的设计风格，但也充分研究利用了智能手机的特点。其App提炼出所需展示的必须信息，并将导航、个人中心、技术支持以隐藏页的方式呈现，为产品的充分展示留足了空间！使产品风格、特点的展示极具张力！其所推的流体渐变风格给人带来无限的想象空间和新鲜体验，一下子引发了社会的追捧，成为各个领域模仿的对象。

4.3.3 简约主义风尚

自第一次工业革命之后，生产力的提升把世界推进到发展的快车道！生产方式的变革改变了人们的生活方式和审美观念。无疑，包豪斯学院的教学与设计理念顺应了时代要求，它强调设计的实用性和功能性，提倡国际化风格，其教师和学生设计了大量经典作品，满足并引领了人们的审美趣味和心理需求。包豪斯学院第三任院长密斯·凡德罗提出“少即是多”的极简主义设计理念，是二十世纪至今指引设计的“灯塔”，它符合这个时代的“用户需求”。

在信息爆炸的新媒体时代，便捷、快速、准确地获得信息是人们的核心需求，去除冗杂、无谓的装饰，改变复杂、无序的编排，以清晰、明确、简约的方式呈现准确信息是对用户内在需求的满足，便能获得用户的青睐和追捧。简约主义风格成为设计各领域，包括UI设计的主流风格。简约并不是简单！简约的本质是对所要呈现的信息进行深入的研读，梳理提炼，归纳出核心信息点，并建立清晰的信息层次和顺畅的阅读流向，运用文字、图形、色彩等要素构建一目了然并节奏丰富的视觉构成！才能满足用户快速获知有用信息并具视觉愉悦的良好体验。

▲ 天猫App形象页及WUI首页

▲ Path注册登录页

▲ 星巴克App设计风格

↑ 一般网站和App都有自己的专属色，已形成相应的品牌色。Path是一款基于好友的私密社交平台，当你点击PathApp后，纯净、鲜艳的色彩和清晰、明确的公司LOGO一下就抓住了你的眼睛，注册与登录简单快捷，所以体验感巨佳。天猫以纯净白色为底色作为形象页，迅速在众多用标准色为首页底色的App中脱颖而出，给人留下了深刻印象。而其WUI同样保持着简约风格，与App形成了干净、内敛、清晰的统一形象。

← 简约风格一般以纯粹的色彩、扁平的图标、精练的文字为特点：大面积的纯净色彩既给人极强的感染力，又能在信息嘈杂的现实环境中让人找到片刻的安静；扁平的图标配合纯粹色彩聚焦并传递强大的品牌形象；精练的文字让重要信息传达更准确、有效。简约风格非常适于UI形象页与首页，功能页则需要在保持统一调性基础上适度运用活泼一些的元素。

4.3.4 从功能到时尚

UI设计随着互联网技术与App应用的发展一直在不断的进化，最初的WUI主要是基于内容的呈现，出现了页首、导航栏、内容、地图、页尾为组成部分的三栏布局样式，这一方式几乎成了所有网站的统一模式。随着App应用的广泛性变化，用户体验及UI个性化表现得到重视，清晰的信息、顺畅的互动、鲜明的视觉成为设计的重点，UI设计从单纯的信息功能追求，越来越多地注重个性表现与良好的用户体验。由此，UI设计也成为社会的热门专业，优秀的UI设计师更成为企事业单位竞相争取、储备的专业人才。

“时尚”永远是一个动态的概念，时尚又是审美的代名词。因为用户体验是人们接触产品过程中综合的主观感受，视觉审美又是最主要的感知过程，所以任何产品的开发都要强化视觉表现，强化时尚表现，以满足人们内在的审美需求。审美当随时代，那么时尚也在不断变化，我们需要关注技术的进步，善于捕捉“时尚的苗头”，把“时尚”应用于我们的作品，从而激发用户的体验感，收获更多关注。

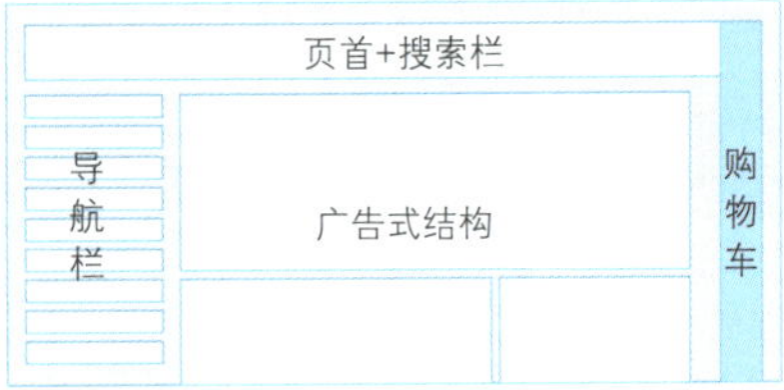

↗ 原有的WUI追求信息的储量，注重功能性。随着人们审美情趣的提高，简单化的陈列不能满足人们的需要，WUI也逐渐从三栏结构转向一栏瀑布流方式，并且由原来的仓储式布局向广告式布局发展，让产品得到充分的展示。

▲ 华为超级双12页面设计

▲ 腾讯公司网站首页与二级页面

腾讯公司网站首页强化了企业理念的宣传，给予Banner足够的空间，并增加动态表现给人强烈的视觉冲击。腾讯公司于2017年11月全面升级了公司LOGO和企业标准色，给用户带来更为稳健、现代，而富朝气的企业形象感。

大疆作为全球顶尖的无人机飞行平台和影像系统自主研发的制造商，始终以领先的技术和尖端的产品为发展核心。网站产品以黑俊、科技、理性而艺术的方式展现，产品功能介绍改变了简单列表的方式，而以虚拟图、结构线图的手法，增强了直观性和时尚感，提高了用户阅读的便利性，从而有利激发用户阅读兴趣。

▲ 大疆公司网页

4.4 UI版式的突破

因为技术的屏障和发布平台的垄断，2010年以前，大多数视觉设计师对UI设计只能望而生畏。如今，App应用的海量开发，淘宝等线上商城的大量涌现，以及易企秀、MAKA、iH5等自媒体软件的推出，UI设计成为热潮，个体的UI设计师成为可能。原有视觉专业，甚至产品、环艺专业毕业生大量转型UI设计。大批的UI设计师推动了行业发展，但也出现了大量良莠不齐的“作品”。优秀的设计师需要不断研究市场、研究用户、研究时尚，不断地进行探究，敢于突破常规才能创作出优秀作品。本部分旨在于引导大家从不同角度尝试突破、尝试探索，培养创新意识和习惯。

4.4.1 个性诉求

版式设计的基础要求在于信息的条理化与准确传达，计算机的网格工作原理适应了这一要求，所以WUI、GUI形成了网格化呈现的主流样式。但是，突破常规、追求个性表现一定是抢占眼球、争夺流量的有效手段！印刷术近千年的发展形成了许多阅读习惯和设计规范，尤其是二十世纪技术、材料的进步，以及各种艺术思潮的推动，印刷领域涌现了大量优秀作品，突破常规、追求个性、激励阅读的版式探索作品层出不穷。而反观UI领域，却因过于强调规范，强调技术限制，鲜有让人眼前一亮的作品！大量的是类同、近似的应用产品。当然，随着优秀设计师的介入，技术屏障的突破，整个行业的不断成熟，这种状况一定会得以改变。

UI版式的个性探索，目的在于塑造灵动、有意味的表现形式，旨在于吸引读者眼球，激发其阅读兴趣，增强其阅读体验感。优秀的个性塑造，能让产品或企业形象在众多竞品中脱颖而出，快速吸引用户流量，建立信任与依赖。版式个性的塑造通常通过逆向视觉、多维空间、动态交互等方式进行塑造，其核心理念就是对常规形态的突破，建立新颖的、非常态的、丰富的版式构成。

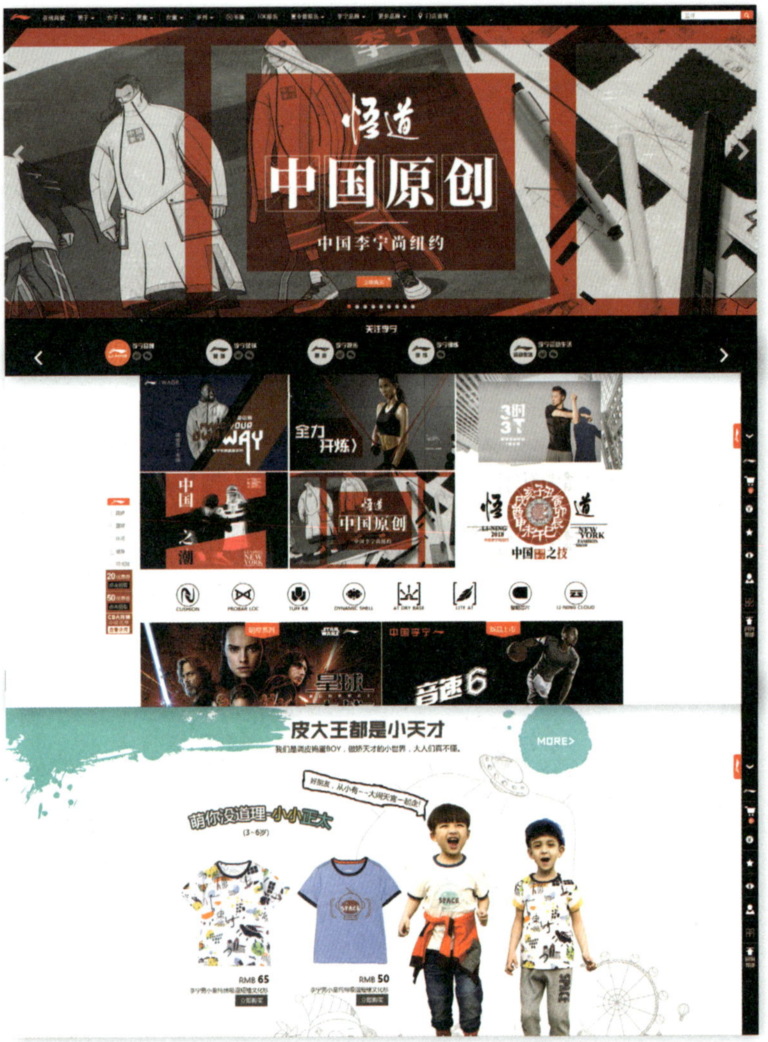

▲ 李宁“悟道”系列与儿童系列

↑ 李宁运动品牌一直是国人的骄傲！李宁携“悟道”系列产品登陆“2018纽约时装周”，溯源初心，溯流而上，以中国原创展现传统美学，以中国传统文化对接当代潮流，以“中国李宁”符号闪耀国际舞台。其UI推广延承其个性诉求，风格鲜明独特。儿童系列则追求轻松快乐，改变通常“仓储”罗列的手法，儿童情景、卡通语言增强了网站的沟通力和个性特点。

↓ I.T是香港最具规模的时装品牌零售店之一，在年轻人中树立了引领时尚潮流的形象。其网站抛弃繁琐、罗列，而以简约、英朗、大气的个性风格展现其品牌形象和产品。

▲ I.T服装品牌网站首页

4.4.2 品质诉求

现代社会物质极为丰富，人们从生存需求发展为对品质的追求。无论企业、产品的商业推广，还是事业单位、社会活动的公益形象，优质、良好的品牌形象能够让用户产生信任，从而增进认同，促进购买与依赖。由此，各大品牌都在不遗余力打造高品质产品和品牌形象，注重品牌LOGO、UI版式、产品图片、交互方式的品质塑造。品质感也是用户体验的一种内心感受，是抽象的、主观的、综合的，所以很大程度上是审美情趣的满足。这就要求图标风格、色彩体系、版式构成、文字组织、图片质量等部分要符合产品与品牌的行业属性，要符合甚至引领人们的审美趣味，要符合人们快速、便捷获取信息的时代特点。品质诉求需要设计师具备很高的艺术修养和流行趋势的判断力。就目前来讲，简约主义依然是这个时代的主流审美趣味，它所追求的形式单纯、功能至上、元素精练的目标与信息时代快节奏的生活相适应，满足了人们对信息获取简洁、快速、强烈的视觉需求，成为各个品牌塑造品质形象的首选。

▲ 无印良品网站

↗ 无印良品一直倡导简约、自然、富质感的现代生活哲学，实践着“No Brand”的企业精神，贯彻对材质精选、工序完善、包装简化的坚持，以持续不断给消费者提供具有生活质感的好商品。自然、品质、舒适是无印良品的追求和特点，其网站正是企业理念和产品特点的反映，简明、优雅、高品质的表现源自于明确的设计理念和高质量的图片质量。“正因为其单纯、空白，所以那里才诞生了能够容纳所有人思想的终极的自由性。”正是这种思想性造就了极具品质感的无印良品。

→ 如果说无印良品展现了内敛的品质，宝马汽车展现出的则是现代、科技、活力的优质生活品质。超大的、高品质产品图片占据了页面整个空间，品牌LOGO、导航页、广告语、服务中心、二维码等信息有序编排，信息清晰明了，色彩单纯稳健，图片宏大精细，二级页面疏朗有致，所有这些构成了宝马品质。高品质的形象与编排一定以简约为特点，加强对信息的梳理、归纳，形成信息的级次，并强化图片质量。

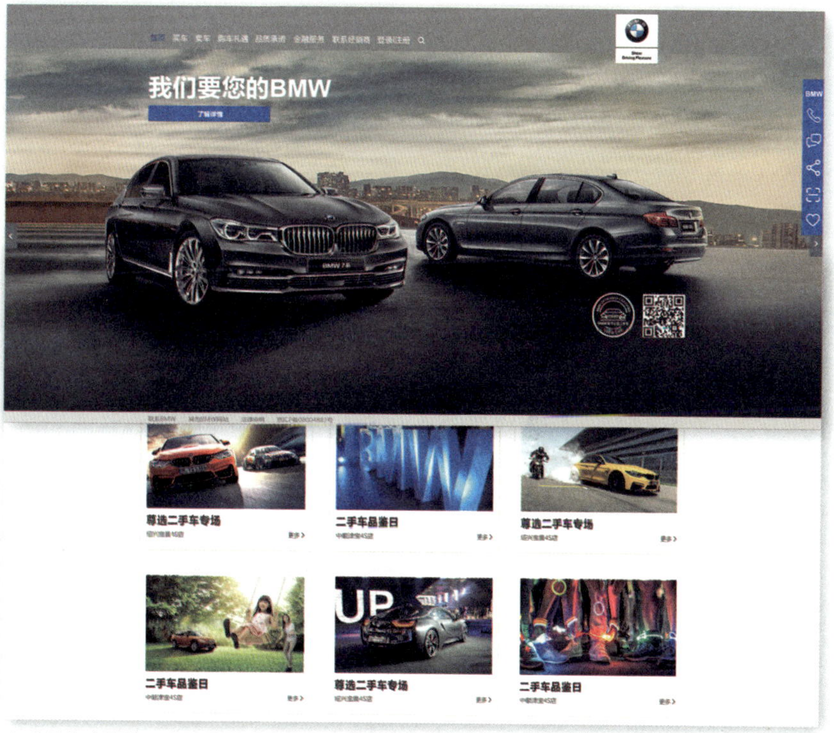

▲ 宝马汽车网站

4.4.3 文化诉求

文化是人类在社会历史事件中所创造的物质财富和精神财富的总和。产品和品牌的文化形象是其品质形象的重要组成部分，文化形象的好坏直接影响着用户的接收与认同。在历史的长河中，不同地域产生了相同而又各具特色的文化表现，设计师既要弘扬、表现独特的地域文化，又要善于运用共同的、相似的文化元素，构建有鲜明特征，又有广泛共鸣的作品，发挥其最大的传播、沟通作用。随着世界经济的一体化，文化认同与文化猎奇成为促进销售的手段，设计中的文化性表现变得更加重要。设计师在规划产品或品牌形象与风格时，要考虑其本身的文化背景、地域环境和用户的知识背景、信仰、艺术修养、风俗习惯等因素。通过UI构成的各元素让用户感受到产品或品牌的独特文化气韵，能快速产生共鸣，建立信任与认同，大大提升产品与品牌的形象。社会是发展的，我们除了关注传统文化形式还要重视当代的时尚文化表现。时尚是一个时期的一种流行，如流行语、流行色、流行图案、流行发型、流行动作……这些流行改变着人们的思想、行为、生活方式和审美趣味，运用流行元素增强版式的表现和沟通力，让用户产生心理认同和视觉愉悦感。流行元素具有极强的传播力，打造流行样式与风格有利于产品与品牌的快速传播。

▲ "例外" 服饰网站

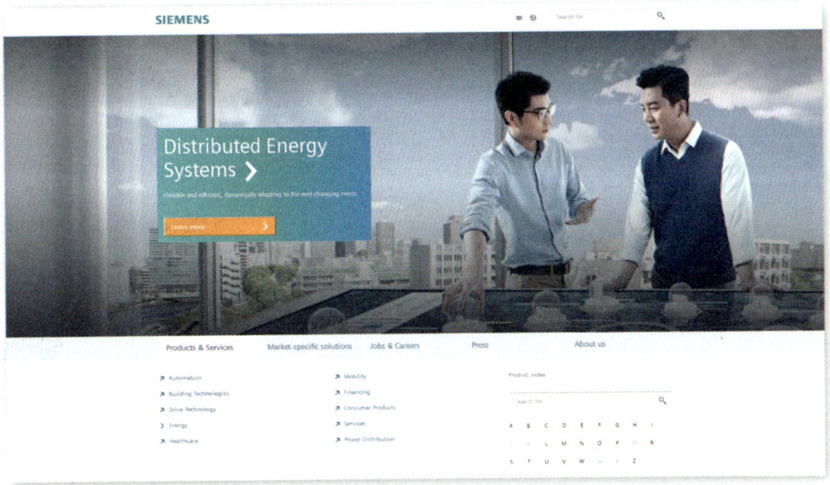

▲ 西门子企业网站

↗ "例外" 服饰是中国极具个性且非常成功的设计师品牌，它一直秉承创新的价值追求与东方文化的传承，致力将原创精神转化为独特的服饰文化以及当代生活方式。质朴的底纹、优雅的折扇、舒适的自然、空灵的版式，无不很好展现了东方气息与心灵的自由！良好的文化气质进一步强化了品牌性格与品牌形象。

→ 德国西门子是全球电子电气工程领域的领先企业，一直将勇担责任、追求卓越、矢志创新作为企业价值与方向。其业务已经涵盖全球，公司形象（包括网站）却一直秉承着德意志民族的干净、严谨、认真的文化性格，传递出科学、现代、可靠的内在特质。

4.4.4 视觉探索

吕敬人先生通过对内容、视觉、印刷的精心研究，为我们创作了大量图书经典，他非常善于利用文字的精细变化、纸张的色彩厚薄、页码的左右爬移、书籍的开合锁闭……考虑每一个细节形态去塑造舒畅的、愉悦的，甚至激动的阅读体验！优秀的作品总能给人带来全方位的享受。经过近千年的发展，尤其是近百年的探索，印刷媒体的设计已经到了一个非常高的层次。随着互联网、移动媒体的快速发展，印刷媒体的应用量大幅下降，大量设计师转型UI设计，这是社会发展的必然。数字媒体改变了印刷媒体的实物特征，更多体现在虚拟性、交互性、平面性上，设计实践尚处在规律探索、规范建立的阶段，尽管在文、影、音、动、综合方面优于印刷媒体，但在艺术表现与探索方面尚有很远路要走。

视觉探索的核心在于对视觉规律、用户心理、产品诉求等深入分析之后进行的突破常规、张扬个性、吸引眼球、激发阅读的版式创新上。数字媒体有技术的支撑，往往能给我们塑造突破以往视觉经验的作品，如AR的应用给用户带来了极强的视觉冲击和新鲜体验。但由于技术的屏障，一般设计师无法直接实践。但随着易企秀、MAKA等数字软件的推出，尤其是iH5的出现，为独立设计师创意设计提供了强大的工具，让设计师不再受技术的限制，创意创作插上了翅膀。除了APP、大型企业的UI设计，微信公号、朋友圈为广大设计师提供了发展平台，也为设计师无限的创意和版式探索提供了展示空间。尤其对于在校学生或有意从事UI设计的同学，要充分利用展示机会，学习应用技术，锻炼创作思路，通过作品提高自己的设计水平和能力，才能适应未来工作和社会需要。

→ 正如吕敬人先生所言，阅读应该给人带来愉悦、带来美感、带来惊喜，电子出版一样的，也应该讲究留白，讲究节奏。中国设计师沙龙微博便通过单纯的符号、强烈的色彩、有趣的构成，给读者带来了美的节奏享受。

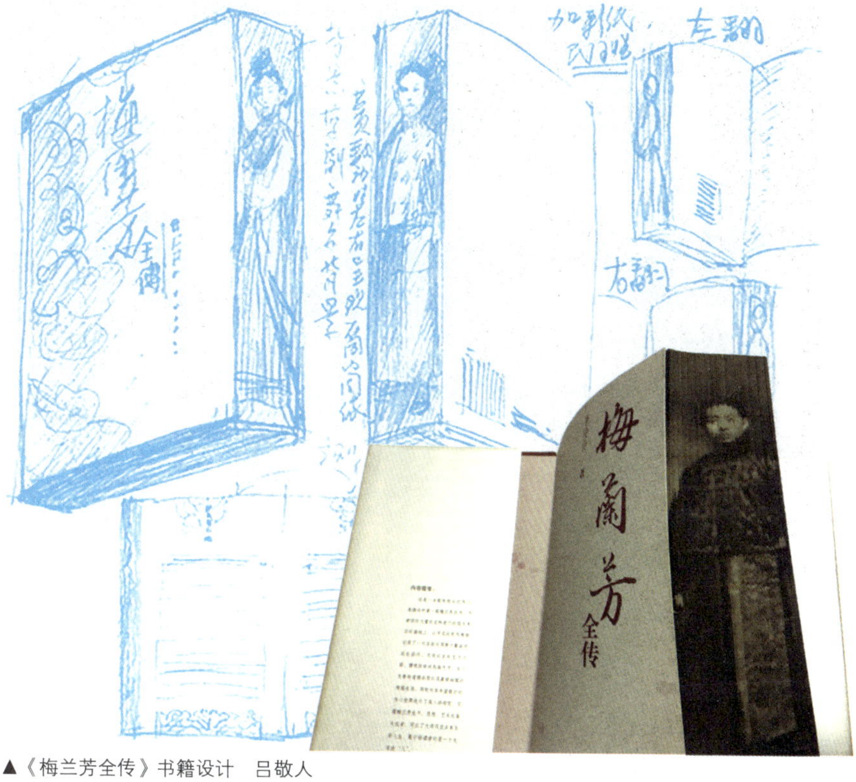

▲《梅兰芳全传》书籍设计　吕敬人

▲ 中国设计师沙龙微博页面

▲ GDC网站

随着智能手机应用程序的快速普及，实现了个人作品的推广。越来越多的机构或设计师通过微信推广个性化、艺术性的数字海报，某种程度上给生活带来了更高的艺术体验。相信当媒体发布的门槛降低之后，更多艺术家、设计师会投入到UI设计中，优秀作品会大量涌现，给生活带来更时尚、更艺术、更具感染力的分享。

▲ 贺岁数字海报　陈楠工作室

▲ 贺岁数字海报　亚洲铜+山外山

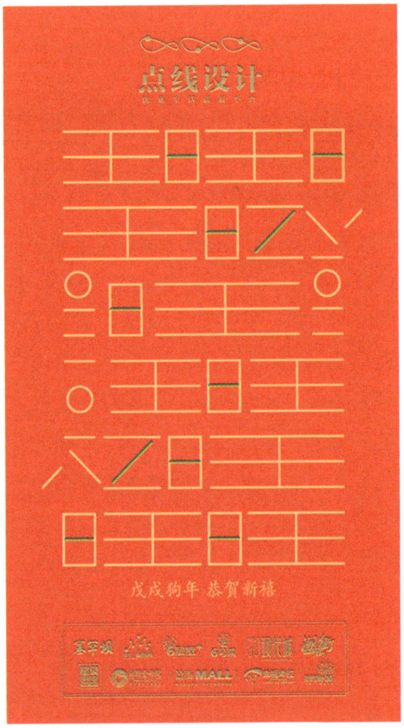

▲ 贺岁数字海报　刘金得

课题训练

课题1 WUI “再设计”

课题说明

1. 通过学习，大家了解了UI设计的基本要求、核心要素、设计流程及设计风格等内容，真正的设计能力需要实践的磨炼。本课题意在让同学们研讨实际项目的优劣，分析现有项目问题，并用所学知识加以解决。

2. 寻找、确定家乡的知名企业，对其网站进行研究，分析网站优劣点，并按自己的理解重新设计。最后与同学们一起进行总结，比较“再设计”之后的效果及优势。

主题创作案例库

★思政训练项目：

围绕“我为家乡做代言”主题进行创作，可从家乡具体的旅游景点、企业特产、文化名人等角度入手，探索运用数字化新技术扩大家乡知名度的方法和路径。

▶网站背景

石家庄永盛灯具制造有限公司是一家以生产户外照明设备为主的企业，其业务包括户外照明、LED照明、标识灯杆、金属加工四大类。其厂房占地面积50亩，拥有数字焊接、激光雕刻、开平机、折弯机等现代大型加工设备，成为集研发、设计、制造、销售、安装、服务于一体的国内灯具生产的龙头企业。企业在快速发展，但其网站还很陈旧，大大影响了企业形象与发展需要。

▶网站主要问题

① 没有公司LOGO，也就缺少公司形象的规划与设计，便没有公司标志色，网站没有色彩的规划与规范。

② 导航栏目过多！在公司网站首页出现的九项导航类别，让用户无所适从，不知道重点是什么。导航栏类别一般五项为宜，超出七项便会造成用户选择的障碍。

③ Banner图片精度较差，不能给人精良、严谨的视觉观感，势必在心理上对企业管理与实力产生质疑。现在是读图时代，用大图片展示产品与实力非常好，但一定要用高质量图片，且不能对图片随意拉伸变形。

④ 产品诉求与图片结合过于简单，Banner文字应简练、概括，最好精简为朗朗上口的广告语，让人过目不忘，且注意编排的美感。

⑤ 产品导航没有与产品图片有机结合，缺少了图片的直观表现，使阅读缺少了兴趣。

⑥ 网站最突出展现的应该是产品和服务，公司简介往往放在较深位置，等用户对你感兴趣时再找你，大量文字放在主页会减弱用户的兴趣。

▲ 永盛灯具新品牌形象规划设计

课题引导

1. 对原有网站进行客观分析之后，找到提升网站形象和品质的入手点。本课题首先从公司LOGO进行规划设计，确定公司标志、标准字、标准色，为网站的设计奠定基础。

2. 原有网站另一大问题是信息缺乏梳理，重点不突出。所以，“再设计”的重点是对所有信息进行归类和排序，对公司广告语进行提炼和甄选。

3. 对网站结构进行重新设计，加大Banner尺寸，首页采用导航与展示融合的手法，明确类别，强化图片的吸引力，并选择或拍摄高质量图片。

▲ 永盛灯具网站再版首页

▲ “再设计”首页版式结构

▲ “再设计”色彩设定与规范

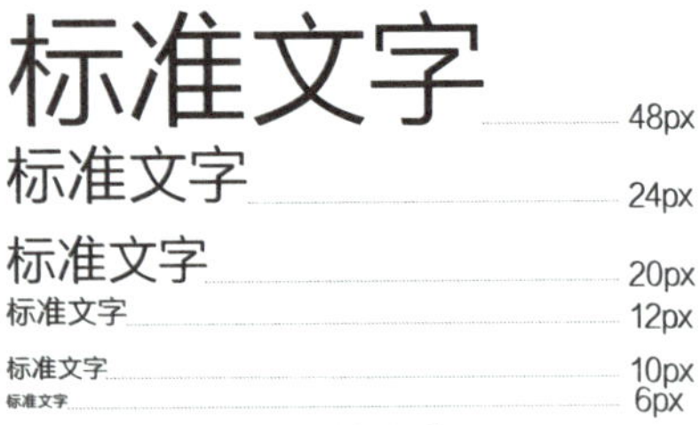

▲ “再设计”文字设计与规范

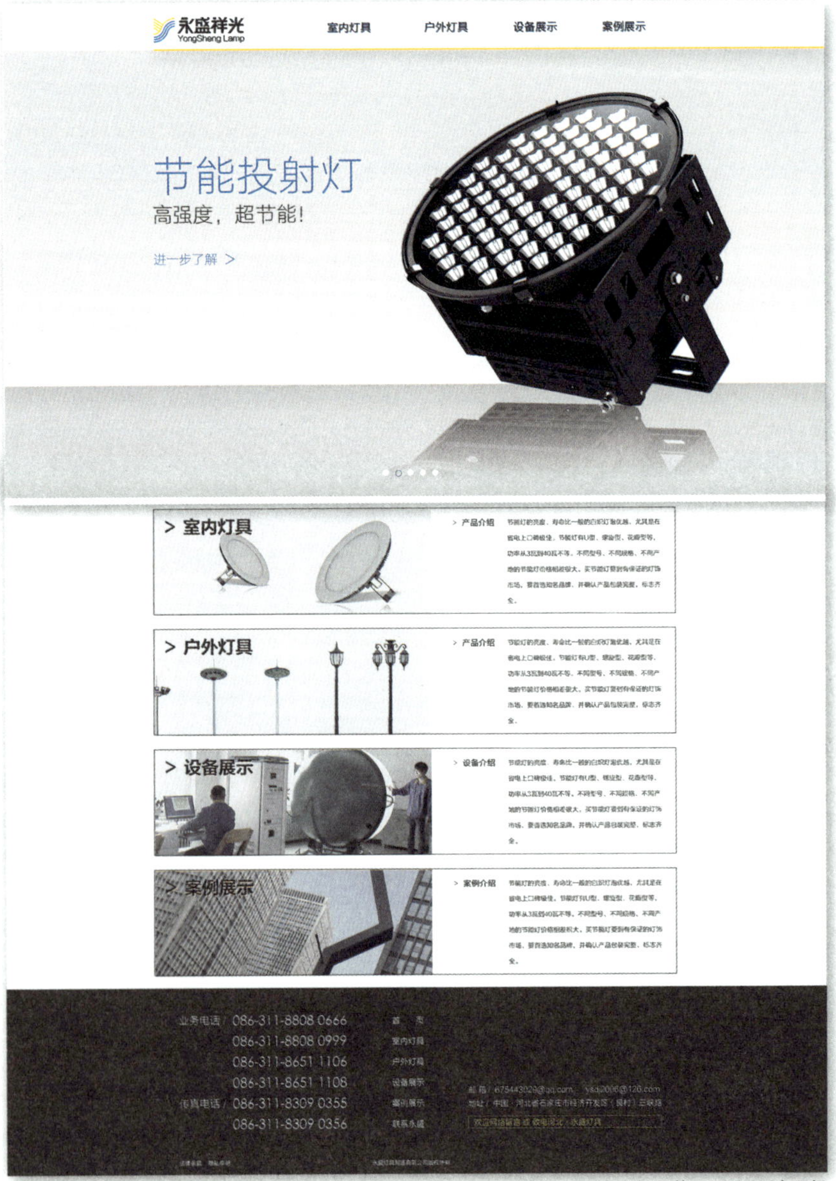

▲ 永盛灯具网站再版导航及页尾设计预想

通过对原有网站的分析，找到了提升网站形象和功能的方向，从企业LOGO进行规划，从信息梳理、版式结构、色彩规范、文字规范、图片质量、广告语及阅读流向等诸多方面进行了重新设计，新网站大大增强了视觉吸引力和阅读兴趣。

课题2 GUI “再设计”

课题说明

1. 本课题选择一个已有App，对其产品定位、内容架构、信息逻辑、交互体验及视觉表现进行分析研究。

2. 课题要求对已有App整体进行解析，分析优劣。并根据查找出的问题，进行全方位“再设计”。

3. 课题主要包括问题查找、原理分析、原型框架、视觉表现几部分。经过全面改版后，通过测试比对新旧差异，总结经验。

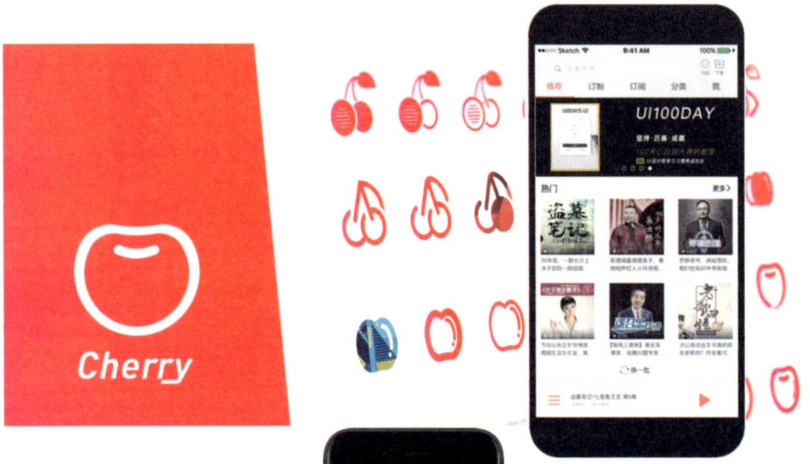

▲ 现有App界面

▲App主页问题分析

▲ App“再设计”分析要点

首先对现有App所存在的问题进行分析和整理，归纳出以下几个要点：

1. 产品首页太繁杂。功能很多、结构复杂，产品定位与重点不明晰；

2. 交互体验不佳。首页结合信息流的使用效果不明显，具体内容的浏览体验不佳；

3. 频道缺乏统一性。各频道中PGC（专业生产内容）和UGC（用户生成内容）缺乏统一性，存在显著的体验差异。

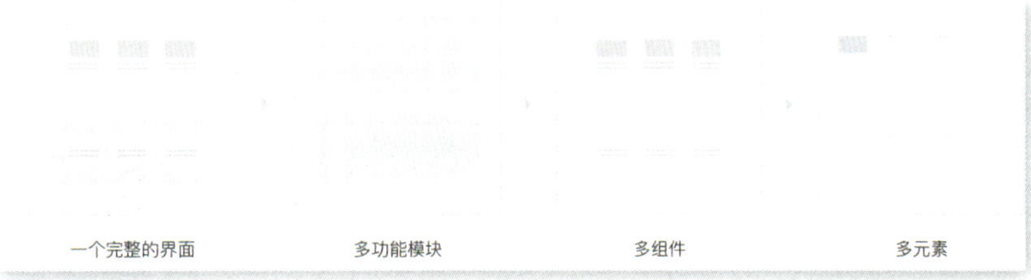

▲ UI模块化原理分析

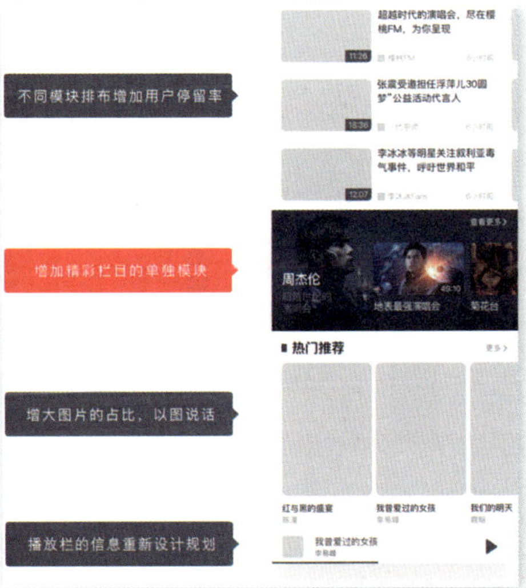

▲ 强化第二层的动态表现及优化

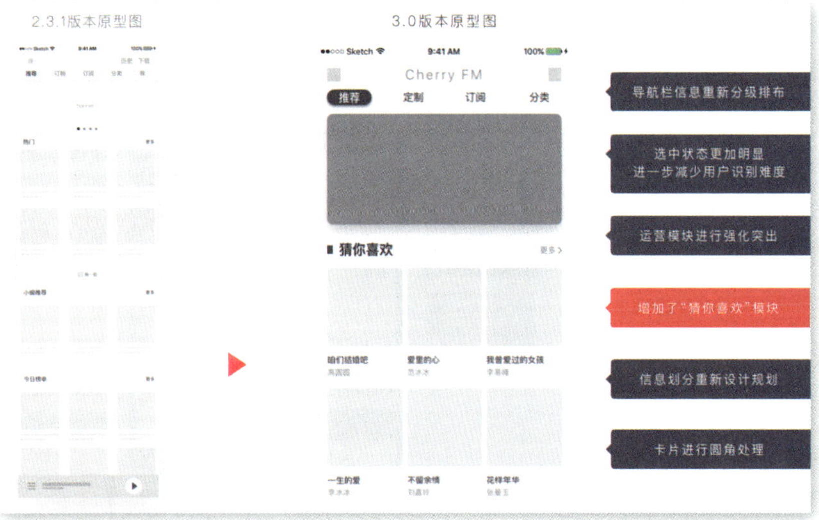

▲ 运用模块化思路对框架进行优化

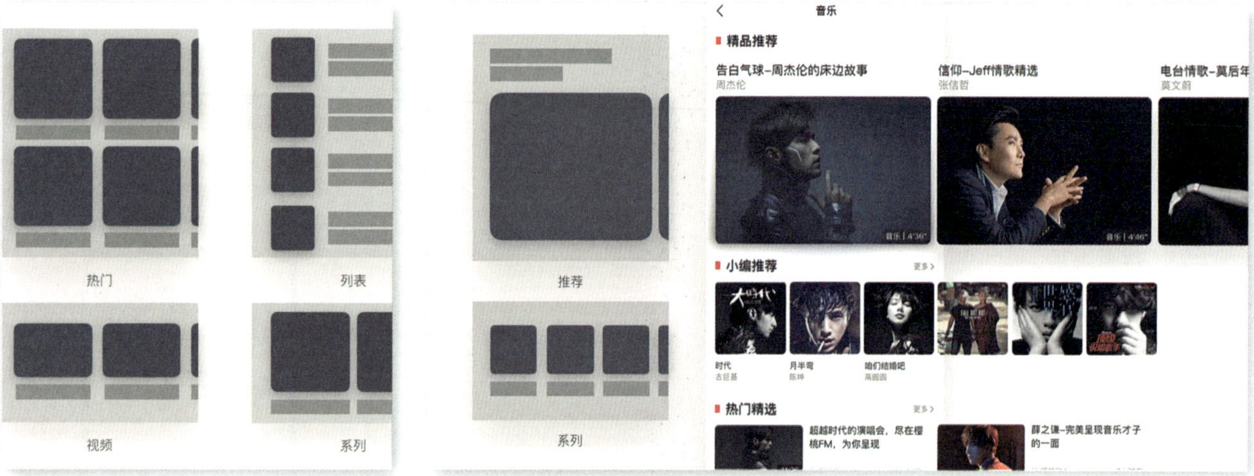

▲ 利用组件库中的模块进行内容替换

课题引导

1. 通过线框图我们可以清晰地确定信息的层次，便于读者阅读。同时，模块化的结构非常便于快速、高效、标准化的迭代更新。

2. 原App中工具的属性并不明确，元素过多，给用户操作带来干扰。新版本强调了工具的功能性、单纯性，视觉与操作体验更为舒畅。

3. UI设计是一套系统，一定要强化团队意识、用户意识、细节意识。

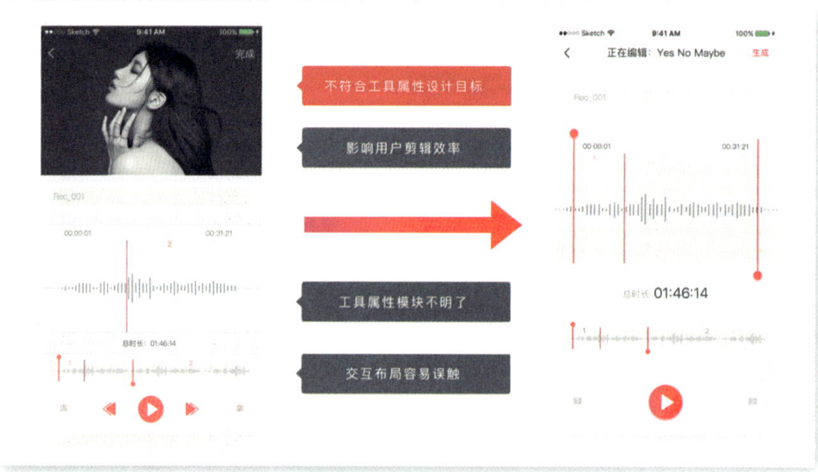

▲ 剪辑工具的分析与优化

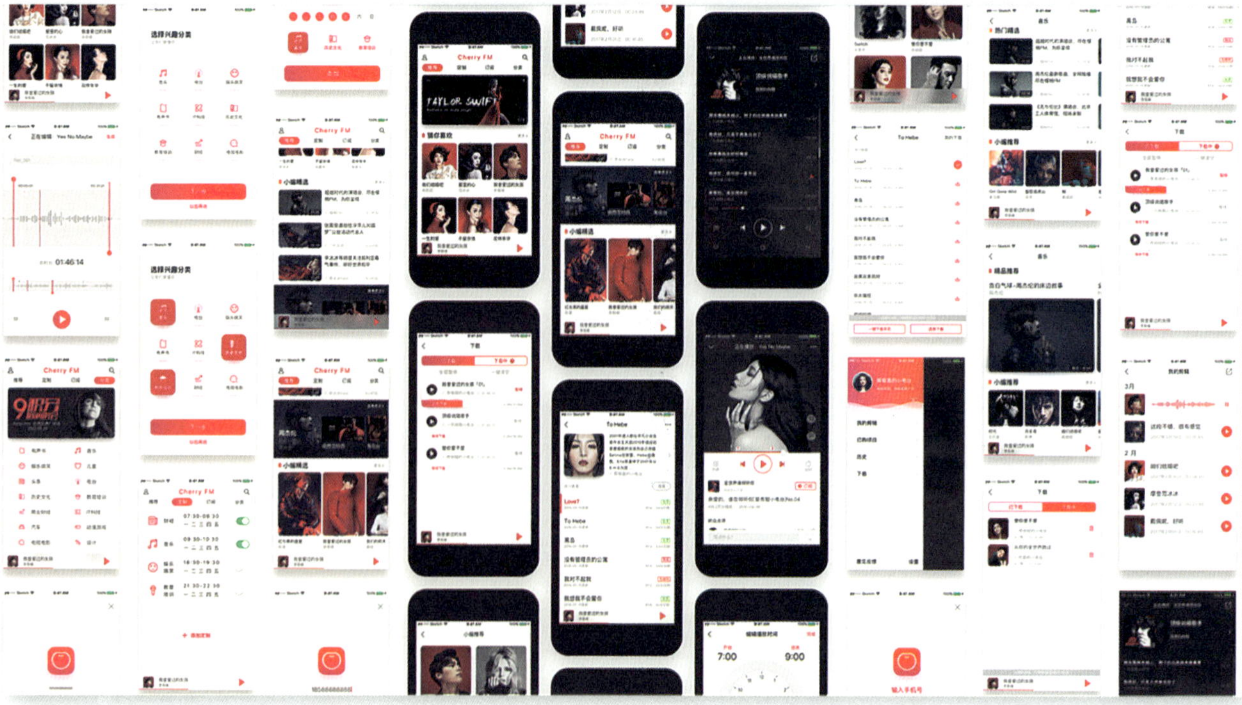

▲ 改版后的基本界面展示　陈燕聪

课题3 主题推广海报

课题说明

1. 为艺术讲座或艺术展览设计一幅推广海报，要求主题突出、信息清晰、节律丰富。作为艺术讲座或艺术展览的推广海报，力求突显艺术的表现力，营造愉悦而富节奏的画面效果，增强海报的感染力和号召力。

2. 课题主体可自拟，也可以就将要举办或已经举办的活动定为主题。首先对主题进行分析，思考运用的元素与手法；对所需展现的信息进行梳理，明确主标题、副标题、从属信息……将信息进行分类和梯级安排，清楚哪些信息是需要特别强调的，哪些是点缀的……

3. 海报设计结合张贴与手机推广两种途径，可设置张贴尺寸，自适应手机屏，也可设计两种尺寸。表现手法可以文字为主或是以个性图形与文字结合的方式，也可以通过手绘和电脑结合的形式，或者是纯手工制作，再用扫描仪扫描到电脑里再处理，同学们可以抛弃一切限制，天马行空地想象。设计完成一定通过微信进行推广，并监控点击效果。（此为可选课题）

▲ 讲座海报　张爱民

▲ 讲座系列海报　张涛

设计欣赏与点评

Semir 森馬
什么TEE
由你定义

Semir 森馬
订阅电子期刊
> 确认
> 搜索
导航菜单
战斗毛 < 小kim
什么TEE
由你定义
来填补世界的空白
MAOJIAYIG
新视线
浙江森马服饰股份有限公司 申请加盟 人才招聘 联系我们

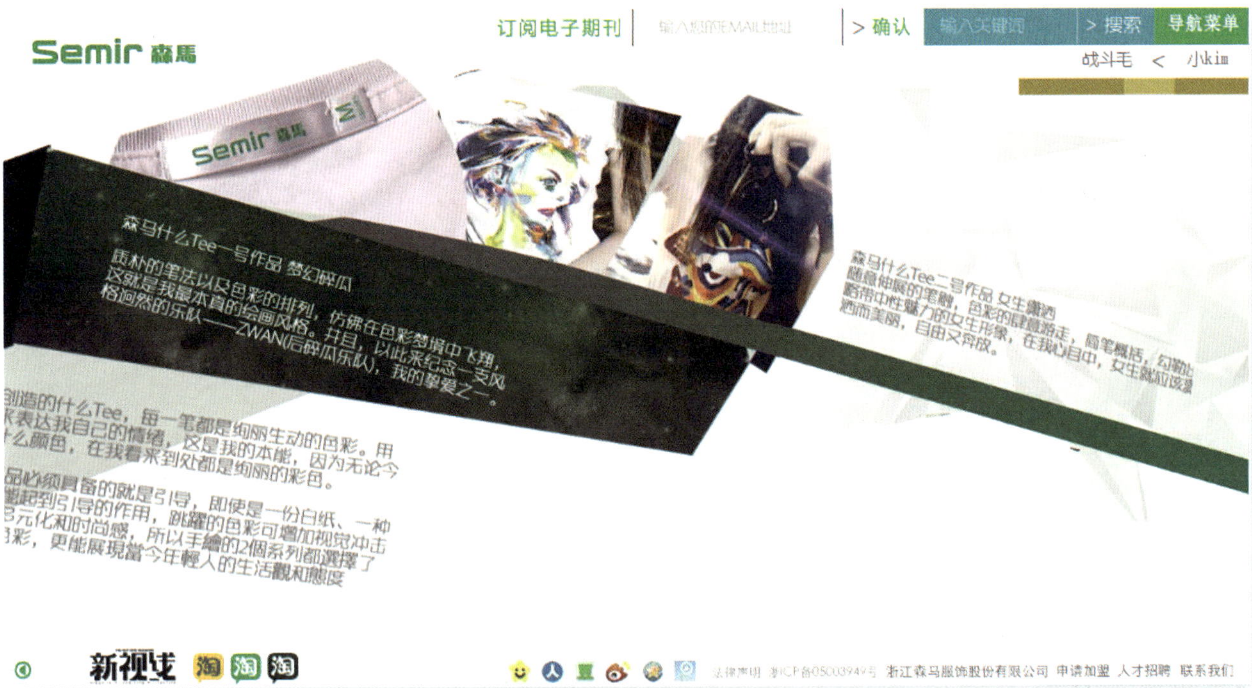

▲ 森马品牌2011官方网站

2011年版森马产品网上推广充分发挥了“超媒体”的优势，不仅具有二维节奏与动感，还运用了“凸镜”效果，加入了声音、影像等形式，大大增强了版式的生动性、趣味性与参与性。影、音、动是数字媒体的优势，但二维空间的视觉节奏不可或缺，森马很好利用了网页空间左右、上下延伸的特点，既大大增加了空间维度，又增强了视觉节奏的丰富性和交互性。学好二维版式设计是探索新媒体技术与形式的基础。

▲《男人装》2011纸质版推广

▲《男人装》2011iPad版推广

↑ 《男人装》为时尚传媒集团旗下的男性时尚杂志，一直给人以时尚、性感、幽默、真实的形象。2011年实现了传统媒体与新技术的对接，适时推出了iPad版，大大提升了《男人装》追求时尚、勇于创新的杂志形象。iPad版在保持纸质杂志幽默、创意与人文特性的基础上，呈现方式更多元，表现形式更自由，传达效果更诱人。

仅仅五六年的时间，数字媒体已经成为主流媒体，移动互联成为新的生活方式，UI设计成为社会热潮。森马和《男人装》是时代的弄潮儿，较早地重视并开发了现代时尚的数字产品，2011数字版具有极强的前瞻性，其视觉表现既充分利用了数字技术的优势，又保持了二维视觉节奏和冲击力。在今天看来，二者的艺术表现依然非常动人，故保留下来供大家揣摩。

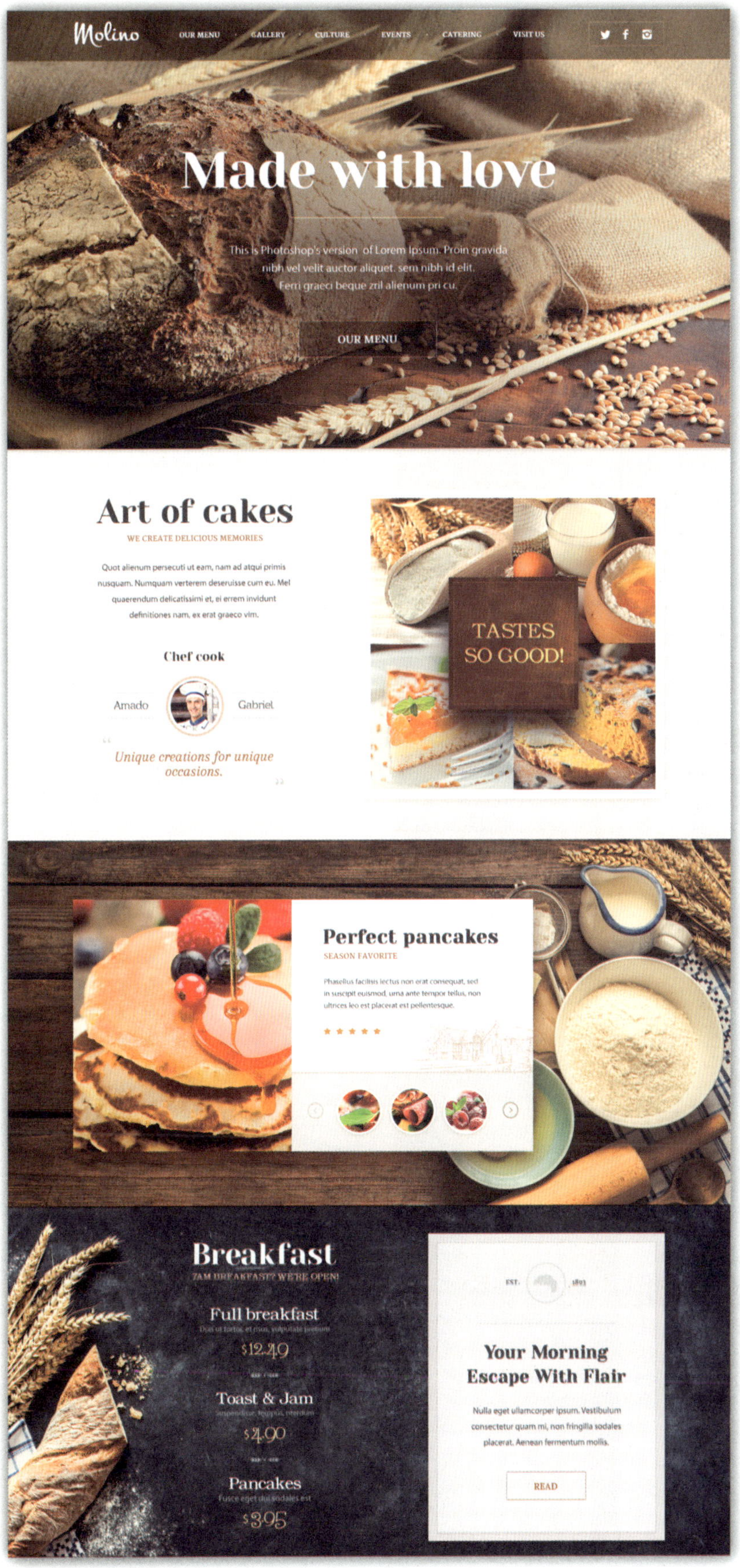

▲ WUI设计 Mike

▲ WUI设计 OUTCROWD设计工作室

↑ 网格是UI设计的基本依据和方法，有意识地突破网格的局限，建立曲线的、灵活的、整体的设计布局，能够形成新颖别致、富有节奏的视觉效果。网格是建立视觉秩序的手段，通常我们借助于网格进行界面布局，但也正是这种手段让我们看到的网站界面千篇一律，过于死板。俄罗斯UI设计师Leonid Arestov设计时，将网格与突破有机地结合起来，具体信息非常规范有致，页面整体又有斜线的构成，给读者营造了有秩序而富动感的视觉享受。

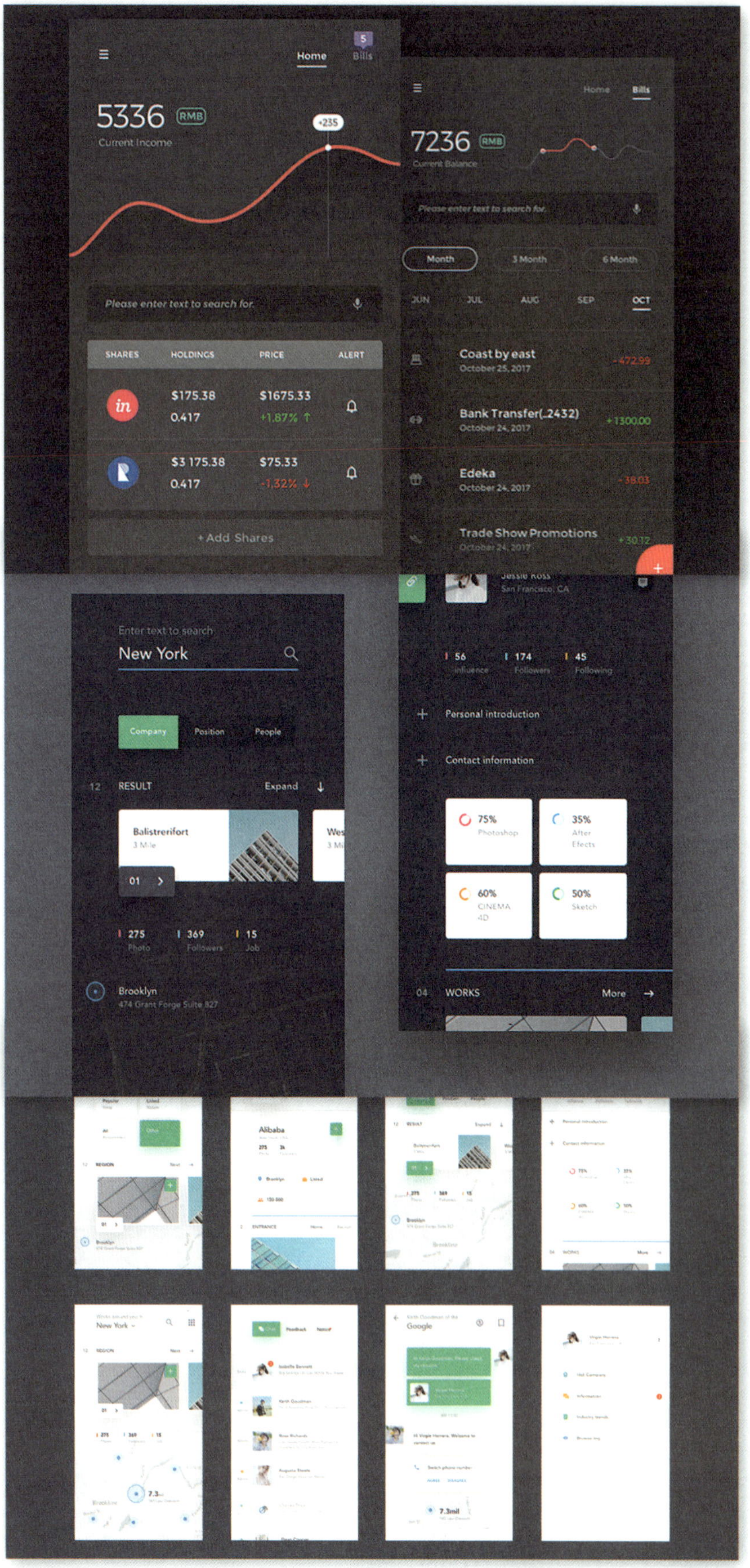

▲ GUI设计　包文奎

▲ WUI设计　Ramotion

智能手机有限的屏幕是GUI设计最大的制约因素。但是，当熟悉了其基本特征后，对信息进行高度概括和提炼，运用图形化语言进行表现，同样能达到极具吸引力和冲击力的视觉效果。

“以用户为中心”作为设计理念，“以解决用户需求”为设计目标，就不会受设计常规的限制，往往能产生新的面貌、新的风格。右上案例就是围绕“用户需要”进行设计，界面则形成高度简约、层次清晰的视觉效果，极简的风格恰恰给人带来时尚炫酷的享受。

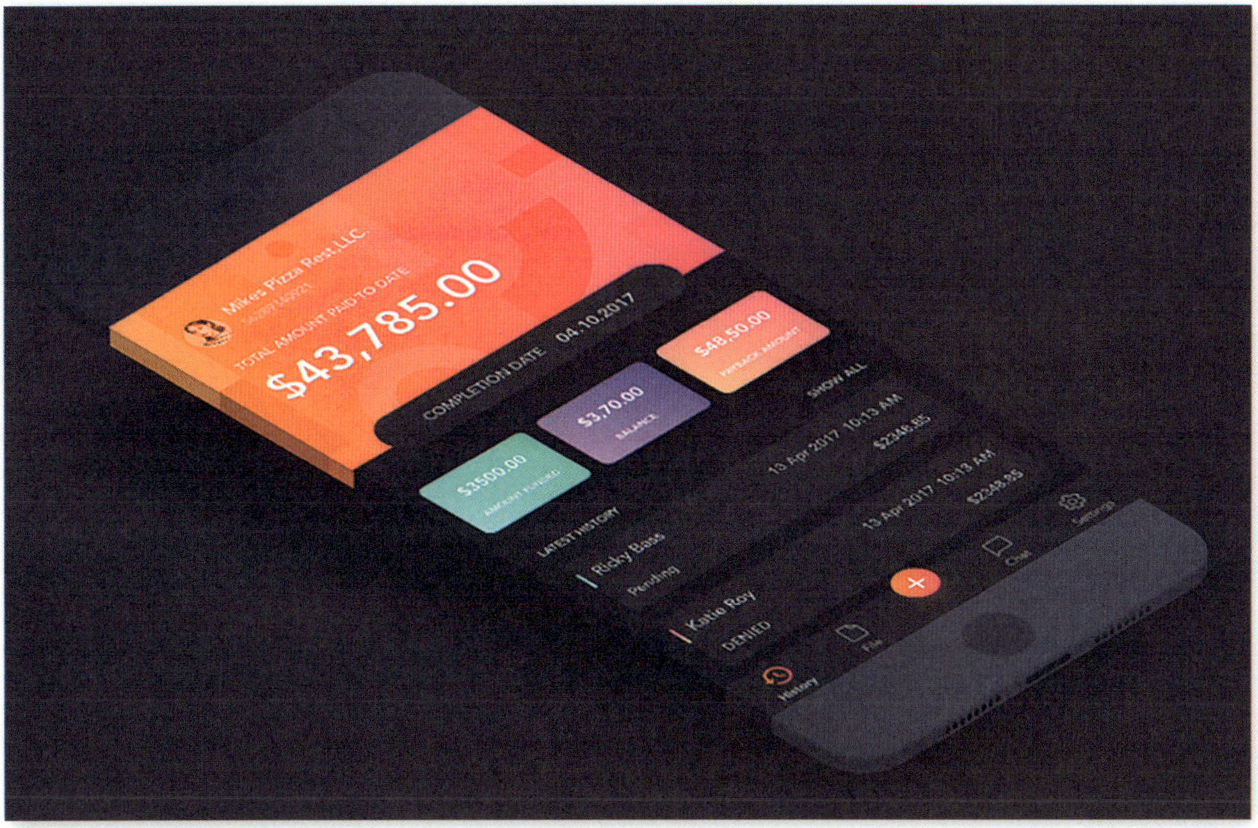

▲ GUI设计 Johny Vino

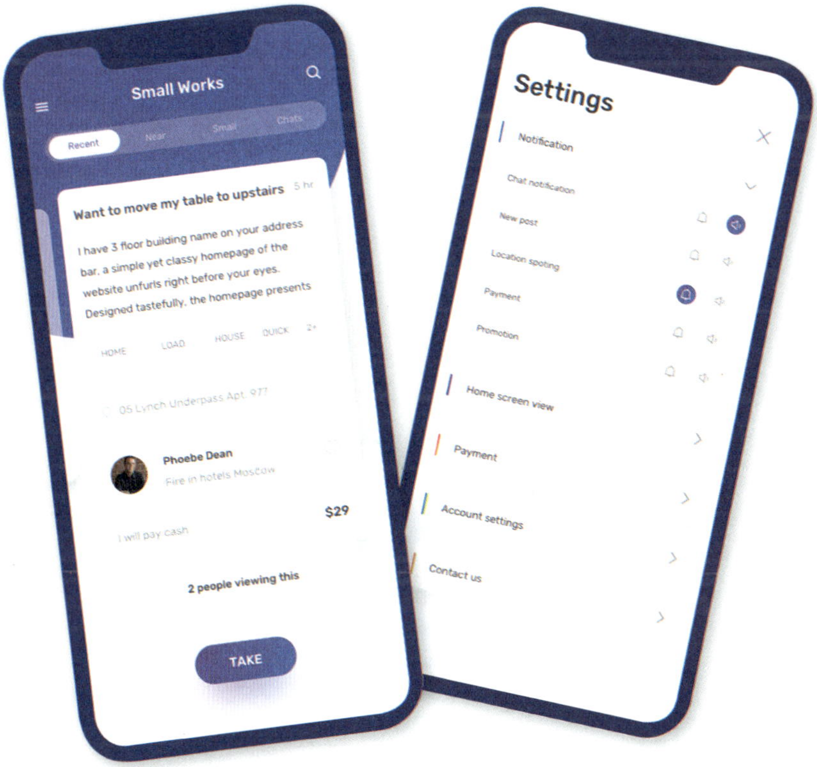

▲ GUI设计 Johny Vino

总结归纳

本单元的核心内容：版式的新阵地——UI设计！通过本单元的学习，同学们可以掌握UI设计的基本概念、发展历程、构成元素、设计规范、设计流程、表现风格等系统知识，明晰UI的设计本质，建立正确的设计理念与方法观。UI作为数字时代的主要媒介成为生活的必需品，研究技术特征、用户体验、交互规律、审美趣味、产品目标，从而创建出愉悦、顺畅的优质UI作品。

参考文献

[1]（美）理查德·韦斯顿著. 海鹰，杨晓宾译. 现代主义[M]. 北京：中国水利水电出版社，知识产权出版社，2006.6.
[2]（日）山口正城，冢田敢著. 辛华泉译. 设计基础[M]. 北京：中国工业美术协会，1981.7.
[3]（美）金伯利·伊拉姆著. 李乐山译. 设计几何学[M]. 北京：中国水利水电出版社，知识产权出版社，2003.8.
[4]（美）鲁道夫·阿恩海姆著. 腾守尧，朱疆源译. 艺术与视知觉[M]. 成都：四川人民出版社，1998.3.
[5]（俄）康定斯基著. 罗世平等译. 康定斯基论点线面[M]. 北京：中国人民大学出版社，2003.10.
[6] 诸葛铠著. 设计艺术学十讲[M]. 济南：山东画报出版社，2006.9.
[7] 凌继尧等著. 艺术设计十五讲[M]. 北京：北京大学出版社，2006.10.
[8] 深圳市平面设计协会. 平面设计在中国[J]. 大连：大连理工大学出版社，2006-2008.
[9] THE TOKYO TYPE DIRECTORS CLUB[J]. Tokyo TDC，2008-2011.
[10] 王受之. 世界现代平面设计史[M]. 北京：中国青年出版社，2002.9.
[11] 艺术与设计杂志社. 包豪斯：大师和学生们[M]. 北京：中国建筑工业出版社，2006.4.
[12] 三度文化传媒机构. 亚太设计年鉴No.3[J]. 2007.9.
[13] 艺术与设计编辑部. 艺术与设计[J]. 北京：艺术与设计杂志社，2006-2011.
[14] 法国金字塔出版社. 姜颖，何积慧译. 艺态06[J]. 上海：上海人民美术出版社，2008.8.
[15] 戈洪主编. 新平面[J]. 南京：江苏美术出版社，2005-2006.
[16] 红鹤沟通. 沟通[J]. 北京：城市中国杂志社代理发行，2008-2011.
[17]（美）Jesse James Garrett著. 范晓燕译. 用户体验要素[M]. 北京：机械工业出版社，2016.11.
[18]（日）原田秀斯编著. 付美平译. 多设备时代的UI设计法则[M]. 北京：中国青年出版社，2016.1.
[19] 余振华编著. 术与道：移动应用UI设计必修课[M]. 北京：人民邮电出版社，2016.4.
[20] UI中国[EB/OL]. [2016-01-05]. http://www.ui.cn/detail/88828.html
[21] UI中国[EB/OL]. [2017-11-14]. http://www.ui.cn/detail/227900.html
[22] 站酷网[EB/OL]. [2017-01-02]. http://www.zcool.com.cn/work/ZMjAyMjc2MDQ%3D.html
[23] 优设网[EB/OL]. [2016-06-10]. http://www.uisdc.com/6-fresh-flat-style-design
[24] 森马Semir品牌官方网站[EB/OL]. [2011-07-14]. http://www.semir.com/#/home.
[25] 男人装201104[EB/OL]. [2011-07-14]. http://itunes.apple.com/cn/app/id437788362#.